新未来

U0178661

——想象，比知识更重要

幻象文库

Rob Dunn

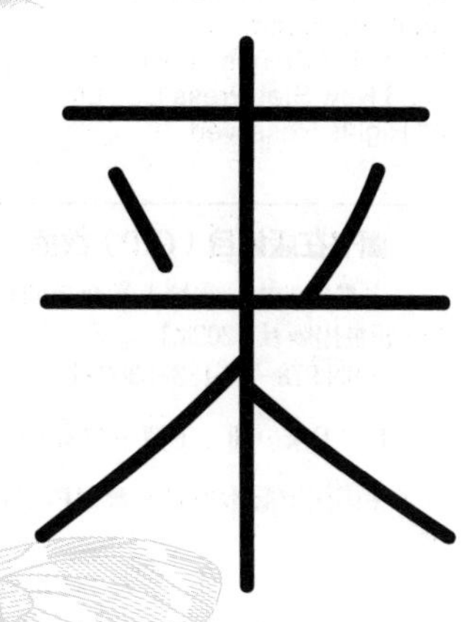

A Natural History of the Future

自然史

掌控人类命运的自然法则

What the Laws of Biology Tell Us about the Destiny of the Human Species

[美]罗布·邓恩——著
李蕾 张玉亮——译

新 星 出 版 社 NEW STAR PRESS

图书在版编目（CIP）数据

未来自然史：掌控人类命运的自然法则 /（美）罗布·邓恩著；李蕾，张玉亮译．— 北京：新星出版社，2024.1

ISBN 978-7-5133-5302-1

Ⅰ．①未… Ⅱ．①罗… ②李… ③张… Ⅲ．①自然科学 – 普及读物 Ⅳ．① N49

中国国家版本馆 CIP 数据核字 (2023) 第 193675 号

未来自然史：掌控人类命运的自然法则

[美] 罗布·邓恩 著；李蕾 张玉亮 译

责任编辑 杨 猛　　**监　制** 黄 艳
责任校对 刘 义　　**责任印制** 李珊珊
封面设计 冷暖儿

出 版 人 马汝军
出版发行 新星出版社
（北京市西城区车公庄大街丙 3 号楼 8001　100044）
网　址 www.newstarpress.com
法律顾问 北京市岳成律师事务所
印　刷 北京天恒嘉业印刷有限公司
开　本 710mm × 1000mm　1/16
印　张 16.25
字　数 195 千字
版　次 2024 年 1 月第 1 版　2024 年 1 月第 1 次印刷
书　号 ISBN 978-7-5133-5302-1
定　价 66.00 元

总机：010-88310888　传真：010-65270449　销售中心：010-88310811

献给我计划周详的父亲

目　录

引　言 1
第一章　生命中的出其不意 12
第二章　加拉帕戈斯群岛的“都市文明” 31
第三章　偶造方舟 52
第四章　最后的逃离 65
第五章　人类生态位 89
第六章　乌鸦的智慧 105
第七章　多样性降低风险性 127
第八章　依赖法则 144
第九章　受损系统和机器授粉蜜蜂 160
第十章　与进化共存 174
第十一章　自然未尽于此 195
结　语　人类灭绝后的世界 209
注　释 227
术语对照表 247

引 言

我是听着河流的故事长大的。故事中，人类与河流博弈，而河流总是赢家。

在我小时候，这些河流是指密西西比河及其支流。我从小在密歇根长大，而我祖父那一代家族来自密西西比河的格林维尔市。我祖父童年时生活的格林维尔市位于密西西比河泛洪土堤后面的古洪泛区。密西西比河水深可以淹没船只和小孩儿。祖父九岁时，密西西比河淹没了整个格林维尔市。房屋被冲到了河流下游。洪水中奶牛被缰绳勒死。成百上千人被淹死，这个城镇从此满目疮痍，物是人非。

这场洪水发生在 1927 年，其原因需要深究。人们对于引发洪水的原因众说纷纭。有人将原因归咎于来自密西西比州西边的跨河邻州阿肯色州的“绅士们”。如果位于密西西比河一侧的堤坝断裂而导致洪涝，洪水将淹没密西西比州，而阿肯色州将得以幸免，而事实也是如此。因此人们捕风捉影地说，一群来自阿肯色州的绅士乘船过河，用炸药在堤坝上炸出一个洞，淹没了格林维尔市。还有人认为，愤怒的神灵用洪水惩罚人类。洪水和瘟疫一直是复仇之神最喜爱的复仇武器，这可追溯至早期苏美尔人的历史记载。我记得最常听到的关于洪灾的原因其实是因为水位过高，最终把堤坝给泡塌了。不少关于洪灾的故事中都提到了我的祖父，因为是他发现了堤坝出现险情的地点并通知了城镇上的人们。

实际上，关于格林维尔市洪水最真实的原因是人类试图控制河流。蜿蜒于河岸之外，开辟新的流淌路径是河流的本性。无论是过去还是现在，蜿蜒的河流附近都不适合建造房屋，更不用说建设城市了；同样，也不宜沿河建造大港口。在洪涝发生前的几年里，沿河而居的人们花了大量的资金建造堤坝，防止河流四处流淌。以前受时间性、物理性和偶然性等因素影响的河道，现在被人为地改造。人们“驯服”“控制”河流，让它变得更“文明”，从而使城市得以发展，财富得以积累。人们对河流的驯服带有一种强烈的自豪感，有时甚至会目空一切，傲慢至极。人们如此狂妄是因为他们相信自己有能力驾驭自然，并使其臣服于人类。

百万年来，每年密西西比河的水都会外溢，使沿河的平原洪水泛滥。它以不同的方式四处流淌，衍生出新栖息地甚至新土地。正如阿米塔夫·高希（Amitav Ghosh）在《大混乱》（*The Great Derangement*）一书中所说，关于孟加拉三角洲“水和淤泥的流动是一种地质过程：即通常在长年累月中以一定速度运动，这种速度可以周或月为单位进行追踪”[1]。例如，路易斯安那州的地理环境是自古以来河流运动的结果，该州位于流经整个大陆的密西西比河的入海口。

树木和草一样都是依靠河流的充溢和运动而进化的。鱼类依靠大量的水延续其自然生命周期。密西西比河沿岸的美洲原住民根据这些周期安排他们的耕作、草料和重要的仪式，他们建造的房屋与地面有一定的高度，可以有效地避开洪水。大自然和印第安人利用固定的季节性因素和偶然性因素，对密西西比河进行改造。但是，美国早期工业化需要密西西比河沿岸大规模的商业运输来支撑，而这种运输活动不会顾及大自然的安危，也不能受其季节因素或缓慢周期因素的干扰。美国工业发展早期要求船只按时间表行驶，而且作为船只货物最终目的地的城市要尽可能地靠近河流。因此，工业发展要求河流状况具有可预测性和稳定性。

保持河流流动稳定性体现了人类对河流的进一步操控。人们谈到密西西比河的堤岸时，就好像它们是水流的管道，管道里的河水可以改变方向，可以减慢速度或加快速度，甚至可以随时停止。人们对河流持有的这种错误观点导致了许多严重的后果，比如，河水淹没了我祖父的家。这条河依然湍急如初；这条河依然野性难驯。正如诗人 A.R. 阿门斯（A.R.Ammons）诗中所写：无论我们怎么从中干预，河流将“奔流如初，我行我素”。[2]

尽管现在人们已经对密西西比河采取了更为严格的防范措施，但是河水吞噬船只、淹死孩童和淹没农场的事情还是时常发生。令人吃惊的是，河水也会将整个城镇淹没。气候变化会增加洪水暴发的频率。河流对人类的侵犯提醒我们，大自然会将人类试图逃避、对抗或主宰大自然的欲望一一吞噬掉。从这个角度看，密西西比河就像生命之河，我们和它密不可分。我们试图支配密西西比河的行为暗示着我们妄图主宰自然，特别是主宰生命的野心。

我们通常会想象，在未来我们自己将生活在一个高科技的生态系统中，各种机器人、设备和虚拟现实随处可见。未来无不闪耀着科技的光芒。未来是数字化时代，到处是 1 和 0（二进制数字）、电力和隐形的设备连接。正如一系列新书指出的，我们在未来面对的最大威胁——自动化和人工智能恰恰是我们自己创造出来的。我们对未来进行种种设想过后，才会想到大自然，它就像一盆摆在一扇打不开的窗户后面的转基因盆栽。大部分人对未来的描述中只提及了遥远的农场（由机器人打理）或室内花园，并没有提到非人类的生命体。

假设在未来世界里我们是唯一鲜活的生命体。我们共同努力使自然世界单纯地只为我们服务，把它完全控制在我们的能力范围内直至它最终消失，我们再也看不到它。我们在文明和其他生命体之间筑起一道堤坝。这个堤坝是一个错误，一是因为它不可能把生命挡在门外，二是因为我们要为这种行为付出代价。无论从我们在自然中扮演的角色考虑，还是从我们对自然规律的了解以及人类与自然的关系角度考虑，这都是一个错误。

我们在学校里学到了一些自然规律和法则，例如重力、惯性和熵等，但这些并不是唯一的自然法则。正如作家乔纳森·韦纳（Jonathan Weiner）所说：从查尔斯·达尔文（Charles Darwin）开始，生物学家不断发现“陆地运动规律与物理（如细胞、身体、生态系统，甚至思想）运动规律一样简单而普遍”[3]。如果我们要对未来有所了解，这些是我们需要熟记于心的生物法则。这本书主要讲的就是这些法则以及它们在未来自然史中的作用。

我研究最多的生物自然法则是生态学法则，其中最有用的生态学法则（以及相关领域，包括生物地理学、宏观生态学和进化生物学等）像物理学定律一样具有普遍性。同物理学定律一样，自然界的生物法则能够帮助我们进行预测。然而，正如物理学家所说，自然界的生物法则比物理定律更有局限性，因为它们只适用于宇宙中已知存在生命的这个小角落。其实，我们的进化史就是生命的进化史，所以这些法则适合所有我们可能生活的世界。

我们经常纠结是否可以像我这样将生物自然界的规则称为“法则”，或“规则性”，或其他术语。我干脆把这个难题留给科学哲学家们去讨论。为了与该术语的日常用法保持一致，我将称它们为“法则”。因为我们的家园充满了生机活力，这些法则也可以被称作“丛林法则”——或者说丛林、草原、沼泽法则，或者卧室和浴室的法则，归根结底，我最看重的是领悟这些法则有助于我们深入了解人类为之而战的未来——挥舞着手臂，燃烧着熊熊斗志，全力以赴，勇往直前。

生态学家熟知大多数自然法则，他们在一百多年前就开始研究其中的一些法则。最近几十年来，随着统计学、建模、实验和遗传学的发展，人们对生态学研究不断深入和完善。由于这些法则对生态学家来说已是烂熟于心，所以他们往往只字不提。“每个人都知道这当然是真的。为什么还要谈论它呢？”但是如果人们没有花近几十年的时间去思考和谈论这些法则，这些法则就无法如此直观易懂。更重要的是，在未来，基于这些法则研究得出的结论和所产生的一系列影响让生态学家大为惊奇，因为这些结论和后果与我们在日常生活中做出的许多决定相悖。

其中最有生命力的生物法则是物竞天择。查尔斯·达尔文的物竞天择法则简洁明了地揭示了生命进化的方式。达尔文选用“物竞天择”一词是为了阐明这样一个真理：在每一代生物物种中，大自然都会“选择”物种群体中的某些个体，让它们得以生存。它排斥生存和繁殖能力较差的个体，而更偏爱生存和繁殖能力较强的个体。得到大自然垂青的个体将自己的基因和由此基因决定的个体特征一代一代延续下去。

达尔文设想物竞天择是一个缓慢的过程。我们现在发现它的速度其实非常快。我们在现实生活中观察到物竞天择法则已经在很多物种的进化过程中得到体现。这些都没有什么大不了的。真正令人惊奇的是这一简单法则如流水一样源源不断渗入我们的日常生活中，让我们无法逃脱，例如，我们要消灭某个物种。

我们在家里、医院、后院、农田，甚至在森林里使用抗生素、杀虫剂、除草剂和任何其他“杀虫剂”杀死其他物种。我们的这种行为本身就是在对自然施加控制，就像沿着密西西比河建造堤坝一样，其结果可想而知。

最近，哈佛大学的迈克尔·贝姆（Michael Baym）和他的同事们共同建造了一个巨大的培养皿，即“巨型平板培养皿”，这个培养皿内被分为不同的区域。我会在第十章介绍这个巨型培养皿及其分区。这个培养皿作用巨大。贝姆将琼脂放入巨型培养皿中，对微生物来说，琼脂既是食物也是栖息地。培养皿每一侧外部区域内都只放了琼脂，没有其他东西。由外向内，每一个区域内抗生素的浓度依次增加。然后，贝姆在培养皿的两端释放细菌，以测试它们是否可以进化出对抗生素的耐药性。

这些细菌不具有产生抗生素耐药性的基因，它们进入巨型培养皿时就像绵羊一样毫无反击之力。如果琼脂是这些细菌“绵羊”的牧场，那么抗生素就是狼。这个实验模拟了我们使用抗生素抑制体内致病细菌的方法、使用除草剂来清理草坪上杂草的方法，同时还模拟了我们为控制自然所采取的种种措施。

那么实验结果是什么呢？物竞天择的法则预测：只要基因突变引起遗传变异，细菌最终应该能够进化出对抗生素的耐药性，但这可能需要数年或更长时间，时间长到细菌在还没有能力蔓延到装有抗生素的区域之前，就有可能已经弹尽粮绝。

但是，事实上它没有经历几年那么久的时间，它只历时十天或十几天就成功了。

贝姆一遍又一遍地重复这个实验，但每次结果都一样。细菌长满了第一列分区，然后速度暂时减慢，直到一个或多个谱系进化出对最低浓度抗生素的耐药性。这些细菌谱系随后填满了整个分区，并再次放缓速度，直到另一个谱系以及许多谱系进化出了对下一个最高浓度抗生素的耐药性。这个过程一直持续，直到这些细菌谱系进化出对最高浓度抗生素的耐药性，并涌入最后一列分区，那架势就像大水漫过堤坝。

如果我们加速观看贝姆的实验，会感到这个实验有些可怕，同时也妙不可言。它的可怕之处在于，相对于我们的力量，细菌的滋生可以从毫无防御能力迅速发展到势不可当。基于对物竞天择法则的理解，我们认为它的美妙之处在于实验结果的可预测性。这种可预测性包括两个方面。实验表明细菌、臭虫以及其他生物群体可能会出现抗药性演变。同时，这个法则还有助于我们管控好自己的“生命之河”，减少抗药性进化的概率。坦率地说，领悟物竞天择法则的真谛是人类健康福祉和生存的关键所在。

还有其他自然界的生物法则，其结果与物竞天择法则相似。物种面积法则是指根据某一特定岛屿或栖息地的大小判断该地区有多少物种。这一法则使我们能够预测物种灭绝的时间和地点，也能预测它们会在何时何地重新进化。走廊法则则决定了哪些物种将在未来随着气候变化而迁移以及其迁移的方式。躲避法则阐述了物种躲避害虫和寄生虫使后代兴旺的方式，这一法则能够合理解释人类比其他物种高级以及子孙兴旺的原因。当我们逃避（害虫、寄生虫等）的可能性减少时，该法则为我们指明了在未来几年内将面临的一些挑战。生态位法则决定了物种（包括人类在内）的未来栖息地，以及随着气候变化，更适合人类生存的地方。

这些生物法则的相同之处在于，它们产生的后果不会因为我们是否关注它们而发生改变。所以，在许多情况下，由于我们忽视它们，所以产生很多麻烦。不重视走廊法则就会使我们盲目地帮助不良物种（而不是有益或简单的良性物种）繁衍生息。忽视物种面积法则会导致不良物种的进化，例如生活在伦敦地铁的新物种蚊子。忽视躲避法则，我们无法确定寄生虫和害虫伤害我们的身体和庄稼的时间和环境地点，错失躲避的良机。反过来，这些法则也很相似，它们的相似点在于，如果我们人类足够重视它们，并且认真考虑它们对未来自然史发展的影响，那么我们就可以创造一个更加适合人类生存、更加包容的世界。

其他法则与我们人类行为的方式有关。作为人类的行为法则，它们与范围更广泛的生物学相比显得更狭隘，也更混乱；它们既是趋势，也是规律。然而，它们是在不同时代和文化中重复出现的趋势，这些趋势与理解未来有关，因为它们表明我们最可能采取的行为方式，也告诉我们倘若违背规则，我们需要注意的问题。

人类行为的法则之一就是控制，在生活中我们总是想要化繁为简，就像人们看到一条古老湍急的河流，就想试图改变它的河道一样。未来的生态状况将与过去数百万年前大不相同。首先，人口数量将会急速膨胀。目前，地球的一半以上都被城市、农田、废物处理厂等人工生态系统覆盖。与此同时，我们直接掌控着地球上许多最重要的生态进程，并且把生态环境搅得一塌糊涂。人类消耗掉了地球上一半的净初级生产力，即地表的绿色植物。其次，气候问题。在未来二十年里，气候条件将发生前所未有的变化。即使在最乐观的情况下，到2080年，数亿物种也需要迁移到其他地区甚至新大陆才能生存。我们正在以前所未有的规模重塑自然，而且大多数情况下，我们对自己的所作所为毫不知情。

在重塑大自然时，我们的行为表现出越来越强的控制欲望：农耕简单化、工业化程度加强，或者接着说上面那个例子，制造更强效的杀菌剂。在我看来，这种方法通常存在弊端，而且这个弊端在不断变化着的世界中尤为突出。世界瞬息万变，我们的控制欲违反了多样性的两个法则。

鸟类和哺乳动物的大脑体现了多样性第一法则。最近，生态学家发现能用创造性思维执行特殊任务的动物更容易在多变的环境中生存下来。乌鸦、渡鸦、鹦鹉和一些灵长类动物都属于这类动物。这些动物依靠智力减缓各种困境带来的认知压力，这就是认知缓冲法则。倘若长期稳定的环境发生变化，这类动物也能适应，并且大肆繁衍。所以理论上讲，乌鸦也能一统天下。

多样性第二法则是多样性稳定法则：随着时间推移，生态系统中的物种越多就越稳定。掌握这一法则并且了解多样性的价值对农业发展非常有利。作物种类丰富的地区年作物产量会更稳定，作物匮乏的风险会更低。尽管我们在面对自然变化的时候倾向于避繁就简，甚至彻底重塑大自然，但保持大自然的多样性更有利于可持续发展。

当我们企图支配自然界时，常常把自身置于自然界之外。我们说起人类时就好像我们不再是动物，而是一个孤零零的物种，与其他生物隔绝，遵守另一套规则。这就大错特错了。我们是自然的一部分，离不开自然。依赖法则认为所有的物种相互依存，而相比其他物种，我们人类对于其他生物的依赖性可能更强。与此同时，不能仅仅因为我们依赖其他物种，就说自然对我们也有依赖性。就算人类绝迹，生命法则也依然会存在。事实上，我们对自然界的大肆破坏却也能造福于某些物种。生命史诗的非凡之处就在于它可以独立于人类存在。

最后，我们规划未来必须要遵守一定的法则，而其中最重要的一条法则与我们对自然的漠视和误解有关。人类中心主义法则认为，作为人类，我们习惯设想生物世界中充满了像我们这样有眼睛、大脑和骨架的物种。这要归咎于我们有限的感知力和想象力。也许有一天我们会逃脱这条法则的支配，打破我们古老的偏见——虽然有这种可能，但结合我分析的这些原因，这种可能性不大。

十年前，我写了《生命探究的伟大史诗》(*Every Living Thing*)，书中讲述了生命的多样性和生活中常被我们忽略的事物。我在书中指出，生命远比我们想象的更加多姿多彩、无处不在，而且这本书对我提到的欧文定律进行了更深入的研究。

科学家们一再宣布科学的终结（或接近终结），发现了新物种或者种种极端生命现象。他们通常总是认为自己的发现是填补该领域最后一块空白的关键。“我终于做到了，我们大功告成了。看看我的发现吧！”每当这种言论出现，随之而来的新发现就会证明生命远比我们想象的更宏大，还有更多的研究空白。欧文定律揭示了一个事实：大部分生命尚未命名，更不用说研究了。欧文定律以甲虫生物学家特里·欧文（Terry Erwin）的名字命名，他在巴拿马的热带雨林中进行的一项研究改变了我们对生命维度的理解。欧文针对人类对于生命的理解这一课题掀起了一场哥白尼式的革命。当科学家们同意地球和其他行星围绕太阳运行这一观点时，哥白尼革命就大功告成了。当我们明白生物界远比我们想象的更加广阔和未知，“欧文革命”也将大获成功。

总的来说，生物界的这些法则以及我们在自然中的位置让我们看到了人类在未来自然史中的可为与不可为。只有牢记生命的法则，人类才能够持续发展，未来的人类城镇才不会因为我们无法掌控生命而不断遭殃，才能免于水灾、虫害、饥荒的侵扰。相反，如果我们无视这些法则就无法继续生存下去。坏消息是我们默认对待自然的方法似乎就是尽可能控制它。我们习惯与自然做斗争，不管付出何种代价，却又在撞上南墙时责怪自然的报复。好消息是这种命运并非不可逆转，只要稍微遵守一些简单的自然法则，人类就能一百年、一千年甚至一百万年生存下去。如果我们仍然无视自然法则，相信通过生态学家和进化生物学家通力合作，我们将会在人类消失后找到完美的生命法则。[4]

第一章　生命中的出其不意

能人是第一个人类物种，出现于大约 230 万年前。能人后又产生了直立人。后来，直立人又进化成了十几种其他人类物种，包括尼安德特人、丹尼索瓦人和智人。这一过程历时漫长，在此期间，哺乳动物数量繁多。驯鹿数以百万计，某些猛犸象的数量达到数十万只。然而，在距今 250 万年到 5 万年前，任何一个人类物种的数量最多大约是一万人到两万人。人类极度分散，聚集规模相对较小，无论何时何地，人口数量都比较少。在整个史前时期，人类物种相对稀少，能生存下来纯属偶然。但是，很快就发生了变化。

大约 1.4 万年前，我们这个物种，即智人，开始适应定居的生活。在一些人类社会中，狩猎和采集渐渐被农业、啤酒酿造和烘焙取代。这种转变促进了人口增长，在随后的数千年中人口持续增长。大约 9000 年前，第一批小型城市出现，地球上的人类总数还比较少，但人口增长速度已经开始加快。到了公元元年[①]，地球上的总人口已达 1000 万人，相当于现代中国一个普通城市的规模。然而，人口增长率仍在继续上升。

①原文如此，疑数据有误。——编者注

从公元元年到今天，人口增长速度持续加快，地球增加了 80 亿人口。这种人口增长现象被称为“大升级”或“大加速”。人类一举一动的影响越来越大，而且这些影响力增加的速度逐年上升。[1]

我们在实验室里研究细菌和酵母时可以让我们联想到人类在“大加速”过程中经历的那种人口增长。培养皿上的一些小型菌落就如同城市一般，刚得到所需养料时生长缓慢，养料被完全吞噬后其生长就会加速，最终培养皿被大肆繁殖的细菌覆盖。早在 1778 年人们就开始意识到人类就是地球培养皿上野蛮生长的细菌，当时法国博物学家布冯伯爵乔治 - 路易·勒克莱尔（Georges-Louis Leclerc）曾写道：“今天地球的各个角落都烙上了人类留下的印记。”[2]

在人口增长“大加速”期间，人类消耗的地球生物量比例呈指数级增长，直到今天，人类消耗了地球上一半以上的陆地净初级生产力①，即绿色植物。据估计，人类占据了地球上陆生脊椎动物数量的 32%，家畜占 65%，其他数以万计的脊椎动物仅占 3%。在这种情况下，物种灭绝的速度至少加快了 100 多倍便丝毫不让人感到意外了。在过去的 1.2 万年中，任何衡量人类对生物界影响的指标都直线上升，而且往往呈指数级增长（见图 1.1）。人类社会产生的污染物也以同样的速度激增：甲烷排放量增加了 150%；一氧化二氮排放量增加了 63%；二氧化碳排放量几乎翻了一番，达到 300 万年来的最高峰值；杀虫剂、除菌剂和除草剂的使用量也不断上升。由此产生的危害随着人口增长、需求增加和欲望膨胀而不断升级。

在“大加速”过程中的某个不确定的时刻，人类的种群以及其活

①净初级生产力，指绿色植物利用太阳光进行光合作用，把无机碳固定转化为有机碳这一过程的能力。——编者注

动进入了一个新的地质时代，即人类世。一切发生得如此之快。与漫长的生命史相比，人口增长只在一瞬，如火车相撞事故一样毫无预兆，如爆炸一样瞬间完成，如湿地上一夜之间长出蘑菇那般迅猛无比。人们像研究车祸遗留问题一样研究人口激增的后果，收集碎片信息，并且设想只要收集到足够多的碎片信息就可以拼凑出有意义的全貌。这个假设似乎十分合乎逻辑，因此这是进行科学研究的常用方法。对于生物学家来说，他们收集的碎片就是物种。他们对物种进行研究，记录其详细信息和生存条件。但是这种方法存在一个弊端：缺乏自己的独立意识。

为了认识世界，我们研究了很多物种，但几乎都是些不寻常的物种。它们既不能代表生物界的真实全貌，也不能代表生物界中与人类自身福祉最息息相关的那部分。我们的问题其实很简单。我们总是认为整个生物界像人类世界一样简单易懂。然而这两种想法是错误的，因为我们是带着一定的偏见认识世界的。我首先要从这些偏见谈起，因为如果不了解我们对生物界的想象与其现实之间的巨大差距，我们最终将无法真正领悟未来自然发展史的真谛。

我们的第一个偏见是人类中心主义。这种偏见深深地植根于我们的认知和思维中，甚至可以称之为法则，人类中心主义法则。生物学是人类中心主义法则产生的沃土，每种动物都会依靠自己的感官认知世界。如果狗掌握了科学的奥秘，那么我要谈论的就是“犬中心主义”的问题。但人类的与众不同之处在于，我们的偏见不仅会影响我们个人对现实世界的感知方式，还会影响到我们为世界物种归类而建立的科学系统。瑞典自然历史学家卡尔·林奈（Carl Linnaeus）率先提出了生物分类法，同时也播下了人类中心主义的种子，使这种偏见生根发

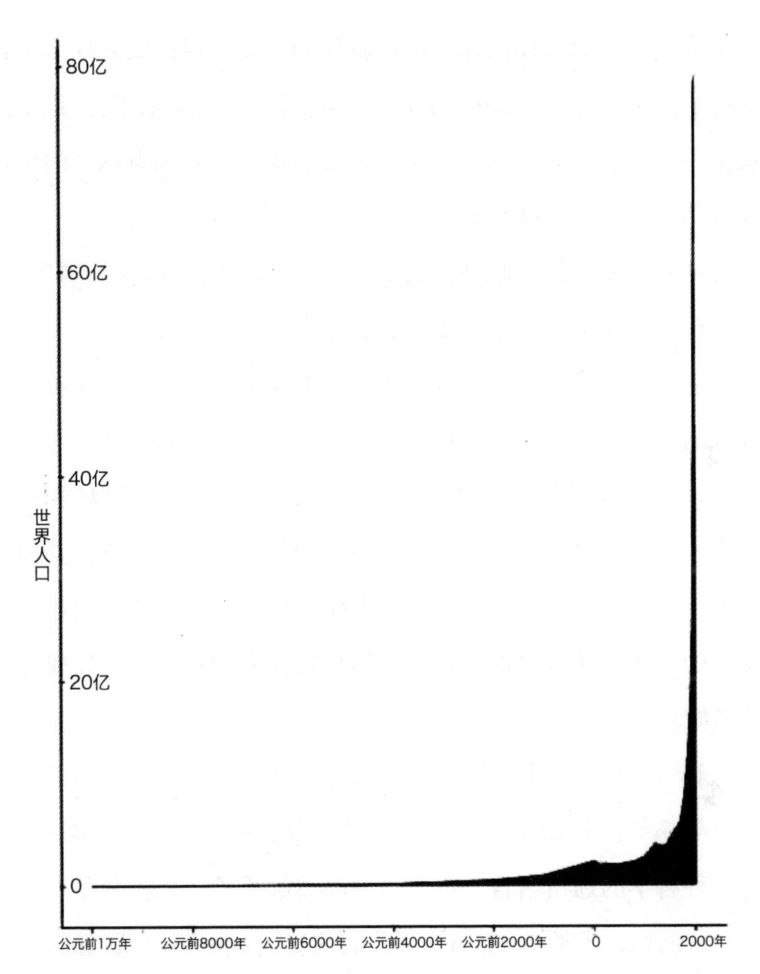

图 1.1 过去 1.2 万年中的人口增长。1.2 万年前，即公元前 1 万年之前，全球人口数量从未超过 10 万人，这一数字未显示在此图表上。图源：劳伦・尼科尔斯 (Lauren Nichols)。

芽、影响深远。

林奈 1707 年出生于罗斯胡尔特，这个小村庄位于马尔默市（瑞典南部城市）的东北方向，距马尔默市约 150 千米。罗斯胡尔特的气候或多或少类似于丹麦哥本哈根的气候。那里有世界上最冷的夏天，冬天阴沉多云。只要太阳出现，人们就像向日葵一样把脸转向太阳，甚至会伸手指向这来之不易的晴朗，兴奋地说："出太阳了。"正是在罗斯胡尔特，林奈对大自然产生了兴趣。后来，他在瑞典以北的乌普萨拉及其周边地区进行自然研究。

虽然面积很大，但瑞典却是世界上生物多样性最少的国家之一。然而，林奈认为他家乡的物种匮乏是正常的。

林奈曾出国旅行，他去过荷兰、法国北部、德国北部和英国。这些地方的纬度比瑞典稍低，但它们的生物学特性极其相似。正如林奈所见，地球的景观和他想象的一样，即使不是完全和瑞典国内相同，也总有些相似之处。天气多雨、寒冷，随处可见鹿、蚊子、螫蝇，还有山毛榉、橡树、白杨、柳树和白桦树。这里有春天娇嫩的花朵、夏末美味的浆果，还有潮湿的秋天土地里冒出来的真菌，正好成熟，可以拿来做食材。

在18世纪前，不同国家、不同文化背景的科学家对生物都有着各自的命名系统。林奈创造了一个通用的命名系统，并将之编纂成册。这是一种科学的通用语言，每个物种都被赋予了一个属名和一个拉丁语种名，例如，人类是"Homo（我们的属）sapiens（我们的物种）"。然后他把目光转向了身边的物种。林奈研究它们，触摸它们，给它们起新的名字，仿佛造物主赐福——这就是林奈式命名法。

因为林奈重命名物种的工作始于瑞典，所以他重命名的第一个物种就来自瑞典，主要分布于北欧。关于生物命名的西方科学传统就这样始于一个瑞典式的偏见。即使在今天，离瑞典越远，发现新物种就越容易。林奈的瑞典主义也不是他唯一的偏见，他也是有血有肉的人，这是毋庸置疑的。他喜欢研究自己周围令他着迷的物种。他喜欢植物，

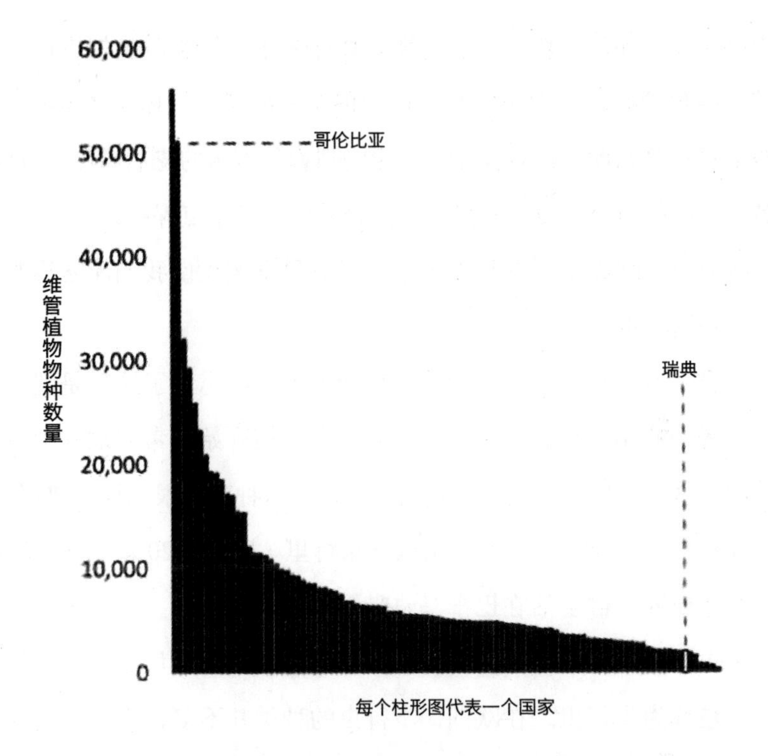

图 1.2 103 个国家各自的维管植物物种数量。注意：瑞典是物种种类最少的国家之一。例如：虽然哥伦比亚的面积只有瑞典的 2 倍，但它拥有的植物种类大约是瑞典的 20 倍。各个国家鸟类、哺乳动物和昆虫的多样性情况相似。

并且痴迷于它们的生殖系统。但他同时也研究动物。在动物界，他对脊椎动物青睐有加。在脊椎动物中，林奈主要研究哺乳动物，但他不喜欢哺乳动物中的小体型物种，例如老鼠，他更喜欢研究大体型哺乳动物。总而言之，他的研究对象要么是符合生物学家的审美标准或常见的物种，例如开花植物，要么是那些在大小或行为上与人类非常相似的物种，容易观察找到与人类的相通点。

在这种研究模式下，林奈的重点既有欧洲中心主义特征，也有人类中心主义特征。受教于林奈的科学家们称自己为林奈的“使徒”，大多都追随他的脚步，心中也有类似的偏见。事实上，林奈之后的大多数科学家都是如此。这些偏见不仅影响到物种命名的先后顺序，[3]还影响到对物种的研究力度，特别是哪些物种能得到重点保护。

这种源自欧洲中心论和人类中心论的科学偏见使我们无法客观正确地认识这个世界。

我们以为我们研究的物种就是整个世界，而忘记了这只是我们研究的世界的冰山一角。几十年前，当科学家们开始思考“地球上有多少物种”这个简单的问题时，我们就意识到这种观念很明显是错误的。

研究这个课题的第一人是昆虫学家特里·欧文。20 世纪 70 年代，欧文开始研究一群生活在巴拿马热带雨林树顶的甲虫。这些生活在树上的甲虫，其活动足迹常在树枝与云层之间，它们最早是在欧洲被发现的，被称为步行虫。在欧洲，步行虫的种类并不多，它们常在地面上活动爬行。

欧文采用了一种新方法寻找并识别树顶的步行虫。他借助绳索爬上一棵高大的树，然后向附近一棵树的树冠喷洒杀虫剂喷雾。首先他对柳杉喷洒杀虫剂，然后他返回地面，等待被杀死的昆虫落下。当欧文第一次尝试这种方法时，数以万计的昆虫落在他铺在森林地面的防水布上。他欣喜地看到落下的昆虫中不仅有步行虫，也有大量其他种类的昆虫。

欧文最终统计出柳杉树上大约有 950 种甲虫，这至少是他和他的搭档能够识别出来的种类数量。除此之外，尽管象鼻虫科专家没有时间进行正式鉴定，但他估计样本中还有象鼻虫科的其他 206 种甲虫。这样看来，一片森林中某一种树木上有约 1200 种甲虫，这比美国的鸟类种类还多。欧文接下来着手研究其他种类的昆虫和更常见的其他种类的节肢动物。他忽然意识到，不仅绝大部分步行虫物种是科学界的新发现，大多数其他种类的甲虫以及各种各样的节肢动物也是科学领域的新物种。与此同时，当欧文开始对其他树种进行取样时，他发现了不同于柳杉树上昆虫的其他种类的昆虫。每种热带雨林树种上都存活着独有的昆虫和其他节肢动物，而且热带雨林树种繁多。

欧文面临着为各种各样无名物种命名的巨大挑战。他周围的物种是科学家们从未见过的，更不用说详细研究它们了。除了知道这些物种是从这些树上掉落到地上以外，人们对这些物种一无所知。碰巧这时欧文接到了植物学家彼得·雷文（Peter Raven）的电话。时任密苏里植物园园长的雷文问了欧文一个简单的问题。如果在某一树种的一棵树上就生活着这么多不知名的甲虫物种，“那么巴拿马一英亩[①] 的森林里可能会有多少种甲虫呢”？雷文提出这个问题是他担任美国国家科学研究委员会（该委员会主要研究热带森林生物学的空白领域）主席的职责所在。[4] 欧文回答道：“彼得，没有人了解那些昆虫，这个问题不可能有答案。”[5]

雷文给欧文打电话时，人们还无法对地球上物种数量做出科学合理的推断。1833 年，昆虫学家约翰·额巴迪·韦斯特伍德 (John Obadiah Westwood）对其比较熟悉的昆虫界专家同行进行了问卷调查。根据调查结果，他推测出地球上可能有 50 万种昆虫，更不用说其他种类的生物了。雷文还在提交给美国国家科学基金会（The National Science Foundation）的研究报告中通过简单的数学运算进行了估测，

①一英亩约为 4046.86 平方米。——编者注

他推测地球上可能有300万到400万个物种。如果雷文是对的，那么地球上至少有一半以上的物种没有被命名。

与此同时，尽管欧文曾表示“不可能”估算出巴拿马一英亩森林中的昆虫种类，更不用说估算出地球上所有物种的数量，但是，他还是决定试一试。他首先做了些计算工作。如果柳杉树上有1200种甲虫，而其中1/5种甲虫依赖于该特定树种，那么在巴拿马一公顷的森林中可能有多少种甲虫？假设欧文在柳杉树上的发现也适用于其他热带树木，那么结合现有树种的数量，他最终计算出了巴拿马森林中甲虫的物种数量。然后他对数字稍作调整以便于更全面地估算节肢动物（不仅包括昆虫，还包括蜘蛛、蜈蚣等）的总数，他最终的计算结果是，在巴拿马一公顷森林中有4.6万种节肢动物。他就是这么答复雷文的（尽管回答得有些晚——那时雷文提交给美国国家科学基金会的报告已经发表很久了）。但是欧文仍然决定做进一步的研究。他用同样简单的数学运算不仅仅估算了巴拿马的一公顷森林或者巴拿马所有森林中节肢动物的数量，而且也估算出世界上所有的热带森林中节肢动物的数量。欧文在《鞘翅目昆虫公报》上发表的一篇长达两页的论文中写道：“如果地球上有约5万种热带树种，那么世界上可能存在3000万种热带节肢动物。”鉴于当时只有约100万种节肢动物（更普遍的说法是150万）被命名，这也就意味着每20种节肢动物中就有19种尚未被命名！[6]

欧文的这个估算在学术界引起了轩然大波。科学家们在报纸上言辞激烈地争论其合理性，或与欧文进行面对面的争执。

有的科学家私下说欧文愚不可及，也有科学家公开这么说。部分科学家说欧文荒谬无知，是因为他们认为他把物种的数量估计得过高了；还有人说欧文愚蠢可笑，则是因为他们认为欧文对他们喜欢的生物群体数量的估算偏低。他们撰写了数十篇科学文章，欧文则对他们的论文做出了回应。欧文收集了新的数据，写了更多的文章，这反过来又引发了新的争论。同时，其他科学家也受到启发，去收集新的数据，由此发表了更多的文章。不论是对欧文的估算进行完善和改进，还是驳斥和唾弃，整个过程都是公开直接的，充斥着激进的、愤怒的情绪，争论无休无止。

最后争论风波基本平息了，或者说缓和了很多。经过多年争论，科学家们已经达成了某种共识：尚未命名的动物物种数量太多，因此我们在几个世纪之后才能确定欧文的估算是否正确。最新估测表明，地球上昆虫和其他节肢动物可能有约 800 万种，也就是说，7/8 的动物物种尚未命名。800 万种这个数量比欧文估计的 3000 万种要少很多，但这仍比他预估之前人们认为的要多出不少。[7] 未知物种的数量是巨大的，而已知物种的数量却少得可怜。

为促使科学家们重新考虑动物物种规模，欧文在生物多样性研究领域充当起了哥白尼的角色。天文学家哥白尼认为，宇宙是以太阳为中心的。哥白尼认为地球绕着太阳转，而不是太阳绕着地球转，而且地球每天绕地轴自转一圈。与之相比，欧文则揭示了人类只是数百万物种中的一种。他还提出大多数动物物种不是像我们这样的脊椎动物，也并不生活在北方（这一点和林奈的观点一致），相反，它们可能是热带的甲虫、飞蛾、黄蜂或苍蝇。在当时看来，欧文的见解非常前卫。的确，这些观点过于激进，所以我们很难将其纳入人类对世界的日常认知，这比让人们接受貌似静止的地球既绕地轴自转又绕太阳公转这个事实还要困难。

在我们看来，欧文进行的生物界革命不仅仅限于昆虫，比如那些能够长出蘑菇的真菌，似乎比昆虫更鲜为人知。最近，我和同事研究了在北美各地房屋中发现的真菌。我们发现每家每户都有真菌。但令人吃惊的并不是发现了真菌，而是发现真菌种类竟然如此之多。最新统计记录显示北美现有记载在册的真菌约两万种。然而，我们在房屋灰尘中发现的真菌种类是其两倍之多。[8]换言之，我们在房屋里发现的这些真菌种类中，有一半以上是科学界尚未发现的物种——房屋中成千上万种真菌是科学界的新物种。这并不是说那些房屋有多么特别，相反，在自己的家中存在的大量未知的真菌只是证明了我们对周围的真菌知之甚少。每次吸气时，你吸入的真菌孢子中有一半尚未命名，更不必说详细研究它们对我们身心健康产生何种影响。现在停下来吸一口气，你就会吸入未知的真菌。真菌可能不像昆虫那样种类繁多，但它们的种类远远超过脊椎动物的种类。

但是，如果我们要完成“欧文革命”，我们必须弄清楚的是细菌，而不是真菌。林奈发现了细菌的存在，但是他忽略了它们。事实上，他把所有微生物都归为一种单一物种，“卓变形虫属”，由于其体型太小，过于异类，所以无法形成有机体。最近，肯尼思·洛西（Kenneth Locey）和我的合作者杰伊·列侬（Jay Lennon）试图估量这一混乱的物种数量。他们重点研究细菌，并且估计地球上可能有一万亿种细菌。一万亿！[9]一万亿！也许是因为特里·欧文一直记着这个惊人的数字，所以在生物研究后期，在面对辉煌的时刻，他谦卑地指出“生物多样性是无限的”并且是“无法估量的”。[10]洛西和列侬对细菌多样性的评估报告并未认为细菌种类是无限多的，而是相对于已知的世界，它们的数量几乎是无限的。洛西和列侬基于世界各地的3.5万份样本的研究数据对细菌种类进行估算，这些样本来自土壤、水、粪便、树叶、食物和其他细菌栖息地。在这些样本中，他们能够识别出 500 万种基因不同的细菌。随后，他们运用一些常见的生命法则（例如，一个栖息地中的物种数量如何随着该栖息地中的个体数量的增加而增加）来估算如果他们对地球全部物种进行取样则会发现多少种细菌。答案是一万亿种，误差最多几十亿种。洛西和列侬的结论或许是错误的，但是要验证这一点，我们大概还需要几十年，也许几个世纪，甚至更长的时间。有一次，我和一位同事在深夜闲聊。她认为可能只有十亿种细菌，而后她又接着说："但是我也不清楚。我敢肯定的是新的细菌物种无处不在。"我们坐在它们上面，呼吸着它们，喝下它们；我们只是没有给它们命名或者计算它们的数量，或者我们命名或计算它们数量的速度远远不够快，以至于我们无法彻底了解这个未知的世界。

当我还是一名研究生时，欧文的论断已经使科学家意识到地球上大多数物种都是昆虫。有那么一段时间，真菌似乎引起了诸多关注。现在看来，大体估算一下，地球上的每一个物种都算是细菌。我们对世界的认识不断变化；更具体地说，我们对生物世界的探索也不断深入。随着这种变化，人们的生活方式似乎越来越不像属于我们这个物种的生活方式。一般的动物物种既不来自欧洲，也不属于脊椎动物；更普遍的物种不是动物也不是植物，而是细菌。

但是，细菌还不是整个故事的终结。大多数个体菌株和菌种似乎都有独有的病毒，称为噬菌体。噬菌体专家布列塔尼・利 (Brittany Leigh) 在审校本章节时通过电子邮件提醒我，在某些情况下，噬菌体的种数是细菌种数的 10 倍。如果有 1 万亿种细菌，那么也可能有 1 万亿种噬菌体，甚至是 10 万亿种噬菌体。没人知道准确的数字。但是我们可以确定的是，其中绝大多数还没有被命名或者被研究过。

除了噬菌体，距离颠覆“人类万物中心论”还有最后一步之遥。正如来自田纳西大学的微生物学家凯伦·劳埃德提醒我的那样，大多数物种可能并非来自欧洲，而且也不是动物，甚至无法在地球表面生存。

劳埃德研究生活在海底地壳中的微生物。不久前，人们还认为地球的地壳中没有生命。然而，与此相反，劳埃德和其他科学家的研究表明地壳中充满了生命。生活在地壳中的生物并不依赖太阳来生存，它们依靠的是地壳深处的化学梯度产生的能量，过着简单平静的生活。

一些微生物生长繁殖缓慢，一个世代更替可能就需要1000年到1000万年。设想一下，已经存在1000万年的物种中的一个细胞明天终于要分裂了。它的上一次分裂可能在人类和大猩猩的祖先开始他们各自的生存轨迹之前，甚至在黑猩猩和人类的祖先与大猩猩的祖先分道扬镳之前，它就已经存在了。在一个世代的时间里，这样的细胞不仅经历了整个人类全面进化历程，而且经历了“大加速”历程。那么这个细胞的下一代在下一个1000万年间将会经历什么呢？

这些生长速度缓慢、以化合物为食的地壳微生物直到最近才被发现。但是现在科学家认为它们代表了地球上20%的生物质量（科学家称之为生物量）。根据它们所处的深度来看，这个数据可能也被低估了，因为我们不知道它们具体的深度。当然，肯定比人类目前探索到的深度还要深。地壳微生物并不“正常”，它们不是正常的生命状态。然而无论从生物量还是从多样性的角度来衡量，它们的生活方式实际上比哺乳动物或脊椎动物的生活方式更普通。

一般生物不同于人类，也不依赖于人类，这与我们的人类中心论大相径庭，这是“欧文革命”的核心理论，与我称之为欧文定律的认知相一致。欧文定律认为人们对生命的探索和研究其实比我们想象的要浅显得多。同时，在我们的日常生活中，我们很难记住人类中心论和欧文定律。这可能需要我们每天重复告诉自己：“我是小物种世界里的庞大生物，是单细胞物种世界中的多细胞生物。我在无骨物种世界里拥有骨骼，在无名物种的世界里拥有名字，大多数现存物种还不为人所知。”

令人惊讶的是，尽管我们对生物世界所知甚少，对其维度存有偏见，我们依然成了一个了不起的物种，取得了非凡的成就。爱因斯坦曾说“世界的永恒奥秘在于它的可理解性”；换句话说，难以理解的是我们对它了解了多少。[11] 但是我不太赞同这个说法。我认为更让人费解的是，尽管我们对这个世界知之甚少，我们依然幸存下来。我们就像一个司机，尽管个子太矮，看不到窗外，还有些醉意，而且非常喜欢高速驾驶，但还是能在路上正常行驶，一往无前。

我们能安然度日的一部分原因在于我们了解周围这些小小的、不知名的生物所起的作用，尽管我们不知道它们具体是什么。这就像面包师和酿酒师制作酸面包和发酵啤酒一样。

在制作酵母面包时，我们先将面粉和水混合，几天后，面粉和水的混合物似乎奇迹般地开始冒泡、膨胀并变成酸性。这种起泡的混合物被称为发酵剂，然后可以添加到更多的面粉和水中使面团发酵并变酸。制成的酸面团可以被烘烤成面包。我们不知道第一个酸面包是何时被烤制出来的。最近我开始与考古学家合作研究一块有 7000 年历史的烧焦食物是不是最古老的酸面团面包。我们还无法确定这个食物是不是古代的酸面团（它看起来似乎是酸面团）。但是即使它不是酸面团，它也极有可能是目前被发现的最古老的酵母面包。

迄今为止发现的最古老的啤酒诞生于农业社会开始之前。[12] 酿造啤酒的过程和制作酵母面包的过程非常相似。让谷物发芽，然后煮熟发芽的谷物，直到它们开始变酸和产生酒精。

在古代的酿造和烘焙过程中，传统的科学家通过进行无数次的反复试验以提高酿造和烘焙的水平。例如，面包师们发现一些天然酵母种可以被储存起来进行培育，然后重复利用来制作新的面团。他们也发现了制作天然酵母种的适宜条件。他们就像对待自己的家人一样悉心培育天然酵母种：一个神秘莫测却至关重要的家人。酿酒师也同样掌握了取一瓶啤酒顶部的一些泡沫然后添加到另一瓶上的方法，这种泡沫也是一种"动物"。

古老的酵母究竟如何使天然酵母种膨胀以及古老的细菌如何使发酵剂变酸，面包师们对此一头雾水。同样令他们费解的是古老的酵母如何使啤酒产生酒精以及古老的细菌如何使它变酸。另外，面包师和酿酒师并不知道面包和啤酒中的细菌其实来自他们种植的谷物和自己的身体，他们也不清楚面包和啤酒中的酵母来自黄蜂体内（黄蜂就是啤酒和面包酵母的天然产地）。了解适宜微生物生存的必要条件已经足够，这是人们在这个充满无限未知的世界中生存的秘诀。

然而，当我们的祖先开始改变他们周围的世界时，他们也无意中改变了他们周围的物种组成。他们在改造世界时，发现这些日常食谱没有用。烤不出蓬松的面包，酿不出美味的啤酒。他们对失败的原因一无所知。他们选择放弃，迁徙他处，另谋出路或者开创新天地。我们并不关注太多导致这些变化的失败记录是什么，我们只关注这些变化本身。有时，历史记录大度地掩盖了我们的过错，就像在昏暗的光线下远距离拍摄的照片可以遮盖我们脸上的一些皱纹和瑕疵一样。然而，更大的可能是随着人类人口的增长以及由此引起的生态变化，增加了这种日常生活中常用的古老配方失败的概率。

许多年前我曾读过一个科学作家写的故事，故事讲的是作家本人和一个导游以及一群旅伴进入一个山洞探险。当他们进入洞穴时，大群蝙蝠从里面铺天盖地飞出来。他可以听到它们运动时发出的声音和叽叽喳喳的叫声，甚至能感受到它们飞行时翅膀震动下的风声。“别担心，”导游说，“蝙蝠能准确判断你们的位置，因为它们有回声定位的能力。在黑暗的环境中它们也能看到我们。”就在导游转身往洞里走的时候，一只蝙蝠飞快地从洞里飞出来，重重地撞在了他的脸上。

导游不知道的是，虽然蝙蝠的确拥有通过回声在黑暗中定位的惊人能力，但同时它们也利用地标和重复的路线来寻找方向，特别是在山洞里更是如此。蝙蝠正沿着一条首选路线飞行，突然迎面遇到了导游，根据它的方位地图，导游并不在那个位置。蝙蝠和人误打误撞地撞在了一起，把对方吓得够呛。

我们过去取得过许多成就的世界是一个由固定物体构成的世界、一个相对稳定的世界。即使我们无法看清世界的一切，我们也可以规划未来的道路。但是由于我们改变了生活，因此就遇到了蝙蝠面临的问题。当面对未来的时候，我们的方位感全部罢工，我们对周围世界的感知出现了严重的偏差。一切都回到了从前。我们开始东碰西撞，我们发现自己被生活蒙蔽了双眼。

在某些情况下，我们错误的行为造成的后果虽然很严重，但并不致命，这样就为我们犯更大的错误埋下祸根。例如，我的搭档最近一直在北卡罗来纳州立大学的一个实验室里制作和研究天然酵母种，这个实验室里到处都是家庭常见的、种类独特的微生物种，它们被密封起来，因此食物几乎不会发酵。当我们动手做的时候却失败了。酵母极少在天然酵母种中繁殖，它反而被称为霉菌的丝状真菌占据，而霉菌不能使面包发酵。我们在实验室制作面包时，就已经对配方中的某些成分做了太多改变。类似的事情似乎也发生在一些严密封闭、与户外生活隔离的家庭中。在这些地方，我们改变了生命体的结构组成，破坏了天然酵母种的生态系统。

我们在实验室培养的不正常的天然酵母种就是我们人类生物体宏观世界的缩影。关于我们在世界中担任的角色，我之前曾把人类比作培养皿里的微生物，但这并不完全准确，因为我们和我们的家庭血脉相连，所以我们并不孤单。我们是更广泛的生命共同体中的一个物种，但我们的影响力非同寻常。我们人类类似于天然酵母种中的乳酸菌。像我们一样，乳酸菌创造了它们所处的世界，同时也依赖周围的其他物种。但与人类不同的是，乳酸菌倾向于让周围的环境对它们更有利。它们产生酸并在这种环境中茁壮成长。另外，还有两个明显的不同之处：第一，乳酸菌生存的世界里只有几十个物种，并非数百万、数十亿或数万亿个物种；第二，当乳酸菌耗尽所有资源时，我们可以帮助它们存活下去。我们雪中送炭，给它们提供新的面粉。

而如果我们耗尽了食物，我们则无法通过大量补充库存来拯救我们自己。我们既要利用资源，又要维持资源的生产。

有人可能会说人类和乳酸菌之间还有第三个不同之处，即人类是有自我意识的。

可是我们的自我意识有其局限性。一旦我们越来越清楚地看到我们的决定引起的后果时，我们的行为往往就会变得异常错综复杂以至于自己很难判断哪个行为会产生何种影响。最近，德国的一群业余昆虫学家开始重新研究他们在过去三十年里收集的昆虫。这些昆虫是在标准化地点用标准化的昆虫诱捕器收集的。年复一年，昆虫学家们把这些使用捕虫器捕捉的昆虫分类、鉴定，不断扩充着小组收集的昆虫大军。这些业余昆虫爱好者最初的目标只是记录德国的昆虫，重点研究其中的稀有物种。他们中许多人和特里·欧文一样都是甲壳虫爱好者。他们并没有指望记录下来任何重大发现，更不用说昆虫小组之外的具有新闻价值的物种了。毕竟，德国是全世界两三个最受欢迎的昆虫研究圣地之一。此外，虽然德国现存的物种比林奈提到的瑞典更多，但并非万物俱全。例如，我们几乎可以肯定的是在巴拿马或哥斯达黎加的某一个热带森林中昆虫的种类比整个德国还要多。还有一个例子：在德国已知的蚂蚁种类大约有 100 种，但是人们发现在哥斯达黎加的拉塞尔瓦生物站附近的森林中有 500 多种蚂蚁。[13] 然而当昆虫学家对比在不同年份收集到的昆虫数量时，他们的发现令人大吃一惊。在过去三十年里，他们研究的生活在自然栖息地的昆虫总生物量已经下降了 70% 到 80%，而这一情况却丝毫没有引起人们的关注。这种情况竟然发生在号称全世界最佳昆虫研究地的德国。导致昆虫生物量下降的原因至今仍无人知晓。[14]

同样人们也不知道德国昆虫数量减少会产生什么后果，只是我们清楚这已经使得以昆虫为食的鸟类的数量大幅度减少。但是还会产生其他影响吗？没有人知道。我觉得我们只有到那个时候才会知道。

变数太大，未知太多，人们很容易选择放弃。在无知和迷失的黑暗中，也许最简单的解决办法就是听从命运的安排，在摸索中洒脱地走向未来，同时心怀希望。我们无法确定未来，世界太复杂，我们太无知，周围的变数太大。毫无疑问，我们会为寻找出路而撞得头破血流，但也许这就是我们的命运。另一种做法是我们聚焦细节，重点研究某种特定的德国甲虫物种的进化。通过深入研究具体问题，我们可以更广泛地找到解决问题的方法。关注具体细节是解决问题的方法的一部分，但在很大程度上无法展示问题的全貌，因为有太多该死的细节。

我在此采用的方法是借助生命法则来帮助我们了解这个正在变化的世界，哪怕我们还无法确定其每个法则的具体名称。但即便如此，我们也需要牢记欧文定律。欧文定律告诉我们生物世界比我们想象得更加宏大、更加多样化；已知的世界是渺小的，未知的世界则是无边无际的。我在本书中向你们介绍的法则会受到欧文定律的制约，也受到尚未被研究的生物体的制约，因为它们的行为和现存物种的行为大不相同。但是，意识到我们对世界的看法是模糊的、片面的、有偏见的，并不能阻止我们利用已知的知识来探究这个世界。在无尽的黑暗中，虽然希望之光微弱，但依然可以为我们指明方向。无论如何，我们必须为自己找到出路。[15]

第二章　加拉帕戈斯群岛的“都市文明”

爱德华·威尔逊（E. O. Wilson）有能力参透生物界最强大自然法则的原理，这个法则不仅可以预测物种灭绝的速度和地点，还可以预测新物种进化的速度和地点，实际上，此时它们也在不断进化。但这并不是威尔逊故事的开始。他的传奇人生要从亚拉巴马州说起，从他还是一个高高瘦瘦、热爱动物的小男孩说起。他自幼喜欢蛇、海洋生物、各种鸟类、两栖动物，几乎所有能动的东西他都喜欢。有一天，他在佛罗里达州的彭萨科拉钓鱼。由于他把钓线拉得太猛，结果一条鱼跃出水面，戳中了他的眼睛，对他的视力造成了永久性伤害。这个意外事故让他再也无法捕捉和研究移动迅速的脊椎动物。同时，他还患有先天性听力障碍，听不到高音域的声音，因此无法听到各种鸟类和青蛙的叫声。正如他在自传中所写的，他“注定要成为一名昆虫学家”。[1] 从他还是个孩子，后来读了大学直至最终成为哈佛教授，他关注的东西，自始至终都是蚂蚁。

在早期研究蚂蚁时，威尔逊曾有一次前往美拉尼西亚群岛，去了新几内亚、瓦努阿图、斐济和新喀里多尼亚等地。当时，他入选为哈佛学者协会（Society of Fellows）的初级研究员。这给了他很大的自由空间去研究他喜欢的任何东西。所以他去了美拉尼西亚，实际上，这次考察是让他带薪收集蚂蚁样本，为日后的科研活动铺路。（我做过那份工作，的确是一份不错的工作。）他掀腐木、翻树叶、挖洞穴，四处寻找蚂蚁，通过那只能看清东西的眼睛，他发现不同岛屿上蚂蚁的数量和种类都有一定的规律。这些规律似乎揭示了大自然的某些法则。在这些蚂蚁中，威尔逊感觉自己好像发现了这个世界一些深刻的真相，这让他兴奋不已。其中一个真相是大岛屿比小岛屿的蚂蚁种类更多。

威尔逊并不是第一个注意到大岛屿上有更多物种的人。其他科学家已经发现鸟类和植物物种的分布也遵循这样的规律。这个规律可以用一个简单的方程式来描述，即一个岛上的物种数量等于该岛面积的 N 次方，再乘以一个常数。简而言之，岛屿越大，物种就越多。生态学家尼克·戈特利（Nick Gotelli）将这个方程式及其揭示的规律称之为“少数几个真正的生态‘法则’之一”，即“物种–面积关系法则”。[2]

人们常说因为苹果落在艾萨克·牛顿爵士的头上，所以他发现了万有引力定律。这其实是不准确的。牛顿的伟大贡献不是他发现了万有引力，而是发现了万有引力的成因。像牛顿一样，爱德华·威尔逊不满足仅仅注意到生命的“万有引力定律”，即物种有在大岛上聚集的倾向。他力图解释背后的原因，进而将生态学发展成一门严格的有规律可循的数学科学。但有一个问题：威尔逊的数学水平并不比他发现蛇、听到鸟鸣的能力好多少，因此他以哈佛教授的身份参加了大学一年级的微积分课。威尔逊明白他需要学习新知识，所以就开始踏实地学习，就算他必须把长腿蜷缩在学生的课桌前，他也能做到安安静静地坐着，认真完成各种家庭作业和小测验。威尔逊知道仅靠大一的微积分知识是不够的，便与一位数学很好而且很上进的年轻生态学家罗伯特·麦克阿瑟（Robert MacArthur）合作。两人一起提出了一个正式的数学理论，这个理论可以对大岛屿存在更多物种（比如蚂蚁、鸟类或其他任何物种）的原因做出合理解释。

该理论有两个重要观点。第一个观点认为任何特定物种在岛上灭绝的概率就是一个关于岛屿面积的函数。麦克阿瑟和威尔逊认为，随着岛屿面积的减小，一个物种从岛屿上灭绝的可能性会增加。在较小的岛屿上，生物体的数量必然较少，因此一场大风暴或一个灾年导致它们灭绝的可能性更大；更重要的是，一个小岛无法为生存在内的物种提供足够生存条件的可能性也会更大。时间证明岛屿面积与物种灭绝之间存在一种必然的联系。面积较小的岛屿上的物种灭绝率往往高于面积较大的岛屿上的物种灭绝率，尤其是当面积较小的岛屿上物种种类较少时。

该理论的第二个观点与物种的灭绝无关，而与物种的迁入有关。生物物种可以通过飞行、漂浮、游泳或者搭乘“交通工具”等其他方式占领整个岛屿，或者它们可以就地进化。威尔逊和麦克阿瑟设想，在这两种情况下，这种“迁入”的概率随着岛屿地理区域的增大而增加。如果岛屿更大，物种则更有可能找到岛屿。更大的岛屿也更有可能拥有特定物种需要的任何特殊栖息地、寄主或其他要求。此外，一个更大的岛屿也可能为一个物种种群提供更多的空间，使它们彼此充分隔离以进化成不同的物种。

麦克阿瑟对威尔逊的观点进行了细致的阐述，并使用一组方程式进一步说明，他们在一本名为《岛屿生物地理学理论》的书中发表这些理论，并继续在世界各地的岛屿上对这些理论进行测试。数十名甚至数百名科学家进行了测试，其中大多数是研究生，他们发现了世界的隐藏多年的法则，这让他们激动不已。数学函数式的具体表达一直饱受争议，同时也被对科学研究一贯持有严苛态度的科学家质疑。麦克阿瑟和威尔逊的方程式确实忽略了岛屿生物学的许多特征，但是他们的理论经受住了时间的考验：它发现了世界的重要真理。更大的岛屿确实往往拥有更多的物种，其中的原因可能在于灭绝和迁入达到了平衡。也许同样重要的是，他们的理论对未来做出了明确的预测，预测范围包括偏远的岛屿、野生森林和城市，特别是城市。

诸多生物学家不久就意识到了麦克阿瑟和威尔逊的理论应该同样适用于像岛屿一样零散的栖息地。毕竟，农业海洋中的一片英国树林与真实海洋中的一块岩石和泥土有什么不同？[3]曼哈顿百老汇大道中间的隔离带不是在玻璃和水泥的海洋中形成了一种群岛吗？更重要的是，将麦克阿瑟和威尔逊的理论扩展到栖息地的研究似乎迫在眉睫。和现在一样，当时的森林和其他野生栖息地正在以惊人的速度消失。如果麦克阿瑟和威尔逊关于岛屿的观点真的能够解释日益减少的森林，那么毫无疑问生活在森林内的许多物种也会随之消失。那么这段历史是否会在森林碎片中找到？麦克阿瑟和威尔逊给予了肯定的预测，因此科学家们进行了一系列大规模的科学研究，包括由当时在史密森学会工作的汤姆·洛夫乔伊（Tom Lovejoy）主持的一项大型实验，实验目的是在巴西亚马孙地区制造森林碎片。

关于我们生活的地球，作家特里·坦佩斯特·威廉姆斯（Terry Tempest Williams）曾经这样写道："如果世界被撕成碎片，我想看看能否在这些碎片中找到什么故事。"[4]这就是洛夫乔伊想要的，从碎片中获取知识。洛夫乔伊的实验将森林周围的景观变成了牧场，从而形成了大片大片的森林。森林终将随着牧场主一棵一棵地砍伐而消失，所以洛夫乔伊说服巴西政府和牧场主不妨把砍树当成一项实验来进行。“砍树”的丹麦语动词是“skaere”，其词根与“碎片”的词根“skår”相同。这个“碎片”指的是洛夫乔伊使用来自曾经完整但脆弱的生态系统的残余部分制作而成的碎片地块。洛夫乔伊实验项目中的碎片状地块大小不一，彼此之间的距离以及与“大陆”（即更大的连续森林）之间的距离也不同。这些实验结果记录在大卫·奎曼(David Quammen）的优美诗作《渡渡鸟之歌》以及伊丽莎白·科尔伯特(Elizabeth Kolbert）的作品《大灭绝时代》中。[5] 洛夫乔伊和许多合作者最终发现，栖息地的地块确实像海洋中的岛屿。它们越小，它们包含的物种就越少。随着地球上森林和其他野生栖息地的缩小，新到达这些栖息地的物种数量也会随之减少，而灭绝的物种数量将会随之增加。

通过不断研究，我们发现栖息地的减少对生物多样性的影响略有差别，但我们的研究成果已经足以唤醒人类采取行动了。[6] 威尔逊和其他保护生物学家呼吁人们保护地球上一半的陆地区域，包括野生森林、草原以及其他生态系统。威尔逊认为，正是地球的这一半陆域才能保护对于我们现在或将来生存都至关重要的生物多样性，这是他的职责所在；他还推导出了一个等式。

大多数情况下，通过研究物种迁入岛屿或地块（殖民化）以及它们从岛上灭绝的情况，就可以比较准确地预测出岛屿生物地理分布的动态。

但是还有另一个过程在起作用，麦克阿瑟和威尔逊提到过这个过程，但在随后的研究中很少评论，这个过程即物种形成。

物种形成即新物种的形成，是指曾经一个物种进化成两个或更多物种的过程。物种形成率预计会随着栖息地面积的增加而升高。威尔

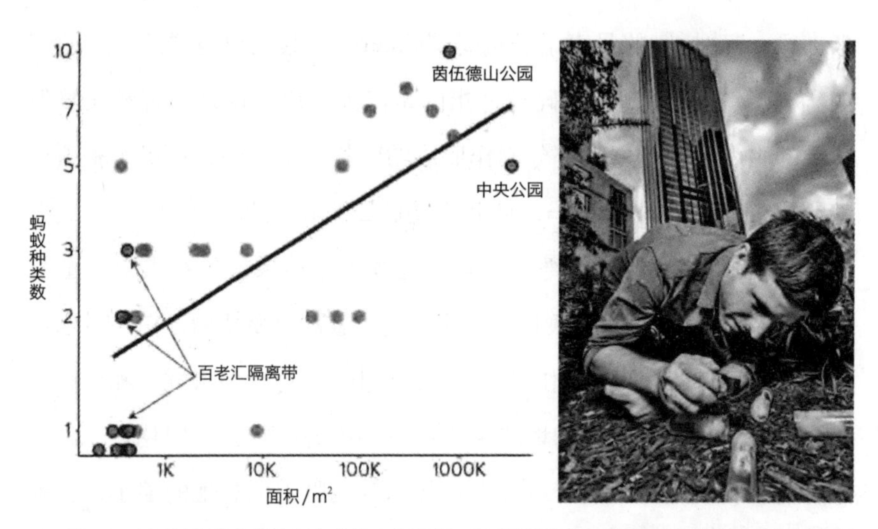

图 2.1　左图是物种多样性与岛状栖息地面积、曼哈顿街道隔离带中的蚂蚁和公园面积之间关系的一个例子。右图为克林特·佩尼克 (Clint Penick，时任我实验室的博士后研究员，现在是肯尼索州立大学的助理教授）通过在小烧瓶中用糖引诱在隔离带地区的蚂蚁，然后从中取样。图源来自劳伦·尼科尔斯。基于萨维奇 (Savage)、艾米·M.(Amy M)、布里特妮·哈克特 (Britné Hackett)、贝努瓦·盖那德 (Benoit Guénard)、艾尔莎·K. 扬斯特德 (Elsa K. Youngsteadt) 和罗伯特·R. 道恩 (Robert R. Dunn) 的数据分析，“曼哈顿城市生境镶嵌的精细异质性与蚂蚁组成和丰富度变化的相关性”，《昆虫保护和多样性》, 2015 年第 3 期第 8 卷：第 216 页至第 228 页。本图由劳伦·尼科尔斯拍摄。

逊和麦克阿瑟最初假设较大的岛屿会有更多的物种迁入，也预测较大的岛屿上物种形成的可能性更大和速度会更快。1967 年，他们出版了《岛屿生物地理学理论》，随后几年里，几乎没有任何人对这一预测有所评论。或许，麦克阿瑟和威尔逊关于物种形成的理论被人们忽略是因为它们出现在书的末尾，但也有可能是因为相对于他们生活的时代这个理论过于超前。生态学家和进化生物学家还丝毫没有意识到进化的速度有多快，更不用说可以实时记录物种的起源了。

如果读到本书的最后，人们会发现麦克阿瑟和威尔逊对物种形成进行了详细的论述。他们发现无论是在物种形成、本地化，甚至新特征的起源等方面，岛屿都是“研究进化的绝佳场所”。[7] 这种岛屿作为进化场所的理论将麦克阿瑟和威尔逊与达尔文联系在了一起。达尔文将从岛屿的角度去研究物种进化，同时也以此阐明自己的思想。达尔文搭乘“小猎犬号”船近五年，遍访人迹罕至之处——包括佛得角群岛、福克兰群岛①、加拉帕戈斯群岛、塔希提岛、新西兰群岛和澳大利亚大陆——他清楚地看到了他在其他地方都没有见过的物种，他后来意识到，在许多情况下，物种是在这些岛屿上进化而来的。但是岛屿也提供了一个理想的研究背景，详细地展示了物竞天择的自然过程，是完美记录其研究过程的绝佳场所。

达尔文认为，新物种可以在岛屿上进化是因为其与世隔绝和当地的地理条件。例如，加拉帕戈斯群岛的岛屿是由距南美洲西海岸 500 英里② 的海底升起的火山形成的。一种中型陆龟来到岛上，进化成不少于 14 种的巨龟，有的更大，有的更小，有的更黑，有的更轻。一种知更鸟飞到群岛上进化成 3 种，而且每一种都生活在各自的岛屿上。一种土褐色具有易变特征的雀类飞到岛上，然后进化成 13 种，这种鸟现在被称为达尔文雀。正如达尔文指出的，这些雀类的喙是不同的。正如他在《小猎犬号航行记》一书中所写的那样，它们的喙已经通过物竞天择法则“为不同的目的而改变”。[8] 有一种达尔文雀类发生这样的进化是为了用它的喙从仙人掌中获取花蜜、花粉和种子；另一种雀类进化成了吸血鬼，它们用喙在鸟类和其他脊椎动物的背部啄食血液；另外两种雀类则进化出用喙衔住树枝诱捕虫子的技能；还有其他物种进化出适合啄食种子的喙。

①即马尔维纳斯群岛。——编者注

② 1 英里约为 1.6 千米。——编者注

达尔文认为海洋岛屿拥有特有物种的可能性更大，这些物种在其他地方找不到。达尔文意识到这些物种之所以存在是因为它们在与世隔绝的情况下，进化出了与大陆近亲不同的物种。但达尔文对于哪些岛屿可能更适合新物种，哪些不适合新物种这一问题持矛盾态度。麦克阿瑟和威尔逊进一步充实了达尔文关于岛屿进化的经典理论。麦克阿瑟和威尔逊的假设是：如果岛屿越大，迁入岛屿的生物就会进化成更多的物种。但这个假设的真实性很难检验。事实上，截至 2006 年，除了麦克阿瑟和威尔逊书中的数字图表 60 之外，这个假设几乎完全未经事实检验。在图表 60 中，麦克阿瑟和威尔逊绘制了不同地区特有的岛屿上的鸟类物种数量，这些鸟类是在其他地方找不到的。图中的点并不多，但这些点似乎确实表明在更大的岛屿上有更多的地方性鸟类，也许是因为它们在那里进化的原因。

2006 年，亚尔·基塞尔 (Yael Kisel) 开始在帝国理工学院攻读博士学位，与现任牛津大学教授的蒂姆·巴拉克拉洛（Tim Barraclough）一起工作。基塞尔将展开有史以来最雄心勃勃的综合性研究：即岛屿面积对新物种在该岛上进化的可能性的影响。数百万年来，火山岛从海中拔地而起，熔岩滋滋冒泡然后逐渐冷却。藻类、鸟类占领了这片岛屿。蜘蛛吐丝结网，四处游荡，落在新的土地上，然后迅速将其占领。植物附着在鸟的脚上，随着水流四处漂浮。机缘巧合之下，它们漂流至此，在当地环境的影响下，不断进化，繁衍生息。基塞尔还将深入研究其进化带来的后续影响。她的这项研究其实始于另一个研究项目。当时基塞尔正在进行一个重要的论文科研项目，巴拉克拉洛建议她或许可以计算一下岛屿的面积有多大才能使一个植物物种随着时间的推移进化成两个物种。近期对鸟类的研究正好可以派得上用场。[9]

正如她在一封电子邮件中告诉我的那样：她想弄清楚是否存在“适合植物物种形成的最小岛屿面积”，如果有的话，那么这个最小岛屿的面积是多少。最后，基塞尔和巴拉克拉洛决定将研究对象范围扩大到其他物种，为此基塞尔收集了更多数据，直到她意外地发现自己拥有有史以来最大的数据集，这些数据集包含不同生物群形成的其独特的岛屿特征。她没有离开欧洲也没有去加拉帕戈斯群岛、留尼汪岛或马达加斯加，就完成了整个数据集的编译工作，这是因为这些工作都可以在博物馆和计算机数据库中完成，而这些数据库是基于亲自去过这些地方的人所做的实地调研取证建立起来的。

基塞尔的数据库不仅包括来自海洋小岛（例如加拉帕戈斯）的数据，还包括来自更大岛屿（最大的是马达加斯加）的数据。基塞尔或许比较关注两种物种的形成，她本可以研究某一个物种定居一个岛屿后是否进化成一个与其生活在大陆近亲物种完全不同的新物种。但基塞尔和巴拉克拉洛的主要兴趣并不在于此，他们更热衷于研究岛屿内物种的形成。专注于岛内物种的形成这一课题，基塞尔不仅可以充分研究物种形成所需的最小岛屿的面积问题（她最初研究的问题），还可以仔细探究其他重要的潜在因素。

正如基塞尔基于麦克阿瑟和威尔逊的理论进行的假设一样，她发现岛屿的大小对物种的形成至关重要，这是决定基塞尔研究的每个生物群中物种形成概率的最重要的因素。岛屿越大，物种产生的可能性就越大。但是还有其他因素在起作用，基塞尔基于前人的研究和她自己对数据的观察分析提出了一个设想：在岛屿之间或岛屿内运动能力较差的有机体应该更有可能在小岛上形成新的物种。相反，容易分散（并将其基因四处传播）的生物应该很少或永远不会在小岛上形成新物种。

基塞尔的逻辑分析很有道理。生活在一个小岛的不同地方的传播性强、善于飞翔、奔跑或者滑行的生物可能会在较长时间内被孤立。但是最终，来自某一地方的生物体总会与来自另一个地方的生物体相遇。它们会交配，交换基因，并会完全抹掉两个物种之间多年以来形成的任何差异。我们可以从培养狗的野性这一角度来考虑这个问题。想象一下：人们把一个犬种比如斗牛犬放生到岛屿的一边，生活和栖息条件极端易变；而把另一个犬种比如金毛猎犬放到另一个生存条件比较优越的栖息地独立生活。只要该岛面积比较小而且障碍物很少，一些金毛猎犬就总会迁到岛上的斗牛犬居住地（反之亦然），繁殖的后代具有双亲基因模糊的特征。正如达尔文所说："原有物种同外来正常物种的杂交，也会对任何诱发变异的倾向起到遏制作用。"[10] 但如果岛足够大，这两个犬种的狗可能永远不会见面。它们可能会随着时间的推移沿着不同的轨迹进化，直到它们不能再繁殖，这样即使它们遇到了彼此，它们也会各自生活，没有交集。简而言之，基塞尔预测：对于不适于分散生活的物种，即使是小岛面积再小，也足以促进新物种的形成。但是如擅于飞翔的蝙蝠或擅于在陆地爬行的食肉目哺乳动物（包括狼和狗）这些物种则只能在面积大的岛屿上形成。

基塞尔和巴拉克拉洛认为这种假设也可以同样适用基塞尔整理的大型数据库中的各种生物，这些生物包括鸟类、蜗牛、开花植物、蕨类植物、蝴蝶、飞蛾、蜥蜴、蝙蝠和食肉哺乳动物。虽然这些物种种类繁杂，包罗万象，但它们的确为人们研究生命体提供了可靠的数据。大多数哺乳动物、昆虫和所有微观生命则被排除在数据库之外。在基塞尔和巴拉克拉洛研究的所有生命体中，新物种更有可能在面积较大的岛屿上进化。但是，对于诸如蜗牛这类扩散性较小的生物而言，它们需要的形成新物种的岛屿的最小面积比较小，而对于诸如鸟类和蝙蝠等扩散性较大的生物而言，它们需要的岛屿的最小面积则比较大。蜗牛进化出新物种需要的面积最小值很低——不到一平方千米，大约相当于特斯拉在加利福尼亚州弗里蒙特的工厂的面积。与此相反，擅长长途飞行的蝙蝠所需的新物种形成的最小面积则成倍增加达到几千平方千米或更大——大约相当于拥有五个行政区的纽约市那么大的面积。

当基塞尔完成岛屿上新物种进化的项目后，她转向了其他领域的研究，留下了许多未经检验的理论。其中一个理论与蜗牛有关。虽然蜗牛平平无奇，但是它们其实已经在世界各地的岛屿上进化出了新的物种，种类繁多、五花八门。在某种程度上，蜗牛物种繁杂的原因可能只是由于蜗牛扩散的速度缓慢。但是基塞尔认为还有其他因素在起作用。正如她在一封电子邮件中告诉我的那样：要使岛屿物种多样化，需要具备两个特性。首先，它们需要有家族意识，这样才能避免与其他岛屿或大陆上的亲戚近亲繁殖。其次，同时它们也需要能够到达岛屿才行。蜗牛绝对满足这两个条件。它们的平常运动非常缓慢，而且活动范围仅限于本地；一只蜗牛在它的一生中移动的距离可能不超过一米，但它们却常常能够顺顺利利地到达某个岛屿——它们附着在鸟儿的脚上，寄生在鸟儿的内脏中，甚至紧紧吸在漂浮的原木上，漂洋过海，长途跋涉。蜗牛占据了物种起源的最佳位置。另外，如果青蛙到达岛屿，它们可能也会四处扩散，繁衍生息，但是青蛙很少能够到达岛屿。正如查尔斯·达尔文发现的：青蛙不擅长远距离迁移繁衍后代，因此人们很少在海洋岛屿上发现当地的青蛙物种。

偶尔的长距离扩散与平均短距离扩散同时发生包括两个步骤，其中最初扩散性较强的物种一旦到达岛屿就失去了扩散的能力。一般来说，如果某个物种留在岛上比离开岛更合适，那么扩散能力的丧失是有利于该物种生存的，而且这种现象比比皆是，比如新西兰蝙蝠就是一个例子。首先，蝙蝠的一个谱系物种抵达新西兰。长期居住在这个四周是汹涌无情的海洋却异常舒适的环境中，它们逐渐失去了飞行能力。一旦不会飞，这个谱系在新西兰的各个栖息地上的物种就会产生分化，而且事实也确实如此。许多岛屿上的鸟类也发生了类似的情况。飞行能力丧失的鸟类在鸟类谱系中多次进化，而且每进化一次，这些鸟类就会分化出许多新物种。现在很少看到这种鸟类，一部分原因是一旦人类来到这个岛屿，这些不会飞的鸟类特别容易成为人类的食物，或者被跟随人类而来的诸如老鼠之类的物种吃掉。

基塞尔和巴拉克拉洛的研究结果和预测使我们重新思考岛屿生物地理学关于世间万物的种种理论。我们认为世界上的远古物种终会随着不断缩小的森林、草原和沼泽地逐渐灭绝。这个过程也正在进行中，同时新物种也将从现在与其他同类隔离的种群中进化而来。但是，新物种的出现概率将远远低于现有物种灭绝的概率，因为物种灭绝的过程远比物种的形成过程快得多，而且新物种在小面积栖息地中形成的可能性比在大面积栖息地中形成的可能性要小。

与此同时，能够在现有不断扩大的栖息地中生存下来的物种将会与我们一起走向未来。对于那些扩散能力强大到足以到达我们不断扩大的人为栖息地但又不足以在栖息地上四处迁移的生物物种，我们或许可以认为这些新物种已经成功进化。基塞尔和巴拉克拉洛认为此类生物包括蜗牛，同时也包括某些植物，特别是那些种子不太善于传播

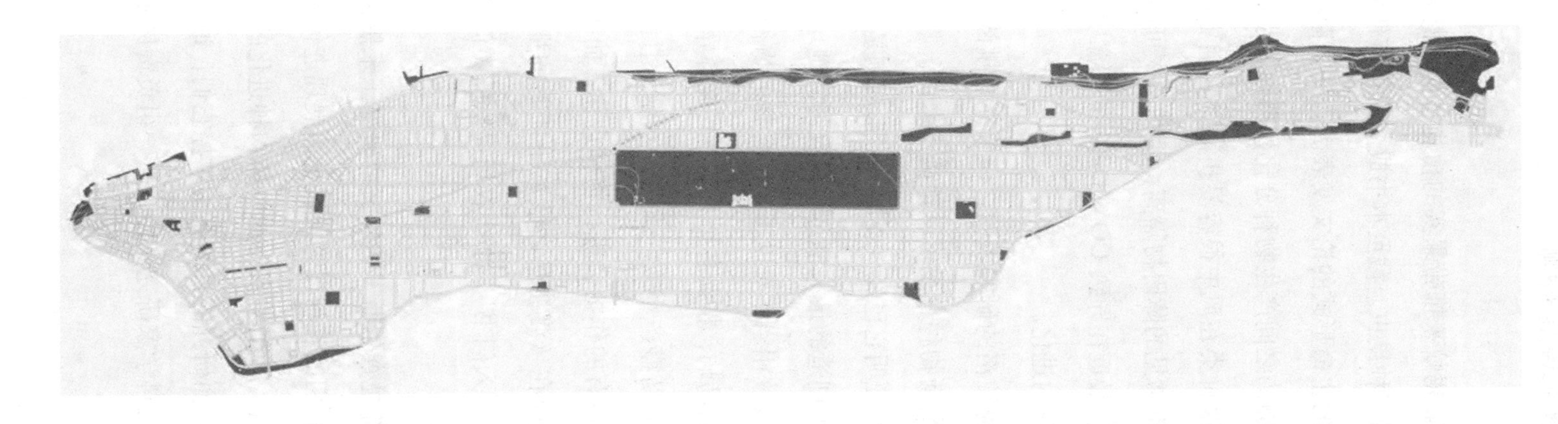

图 2.2 如图是以曼哈顿岛为背景的绿地群岛，包括中间地带和公园。对于依赖草原或森林栖息地生存的物种，这些绿色空间（图中灰色部分）像岛屿一样，彼此之间或近或远，相互独立。然而，对于生活在绿地较少、街道交错、充满玻璃和水泥建筑物的世界的物种来说，曼哈顿是一个巨大的岛屿，岛上到处都是被人类丢弃的美味佳肴。该图由劳伦·尼科尔斯设计。

的植物——例如依靠蚂蚁来携带果实的植物（如延龄草、紫罗兰和血根草），另外还包括多种昆虫。截至本书成文时没有任何从岛屿生物地理学角度研究更小的生命形式的论文发表。一些真菌的扩散能力非常差，只能在栖息地岛屿之间产生物种分化，哪怕是小面积岛屿也是如此。另外，一些细菌种类在风中很容易扩散，它们更像是飞行的哺乳动物，除非被某种不常见的障碍物隔离，否则不太可能分化出新物种。至于病毒，正如我们最近在导致 COVID-19 的病毒中看到的那样，新毒株甚至可以在人体内进化。

基塞尔和巴拉克拉洛的研究表明：一个充满挑战的崭新的世界正在逐渐形成，而其最新物种也是可以预测出来的。然而，预测这样一个世界是一回事，而证明它已经（或即将）形成则是另一回事。

迄今为止，人类创造的最大栖息地是农场。地球上玉米种植总面积与法国国土面积大致相当；对以玉米为食物的物种来说，我们的玉米地是群岛中的巨大岛屿，横跨各个大陆，气候各异。

还有其他农业群岛盛产小麦、大麦、水稻、甘蔗、棉花和烟草。我们预计这些岛屿特有的作物会进行物种进化，而事实也的确如此。正如作者大卫·奎曼在《渡渡鸟之歌》中所写的那样，如果岛屿是“孩子们进化生物学的入门书”，那么农场提供的类似岛屿的栖息地就是《战争与和平》。[11]

并不是每个人都是查尔斯·达尔文或研究玉米黑穗病的亚尔·基塞尔；没有人会把我们的农场视为可以全面展现进化奇迹的舞台。坦率地说，这令人惭愧。我们对农作物中新物种进化的了解主要来自关于这些物种的研究，而研究的目的在于掌控它们；通常这些研究会分门别类地进行，一组科学家研究真菌，另一组负责昆虫，还有一组仍然研究病毒。科学家们对这些研究发现进行了综合考虑，他们发现农作物现在拥有数百种甚至数千种在其他地方无法生存的害虫和寄生虫物种，而且更加肯定的是农作物进化产生的新物种数量大大超过在加拉帕戈斯群岛进化的新物种数量。

在本书中，我使用的“寄生虫”一词从广义上讲包括所有寄生在其他物种身上的物种。当我使用这个术语时，我往往指的是对它们寄生的宿主产生危害的物种，这些寄生虫不仅包括蠕虫和原生生物，还包括通常被称为病原体的物种，如致病细菌和病毒。在我们的农作物物种内部进化的一些寄生虫物种是它们古老的远亲，在被驯化之前就一直依附在农作物身上。然后它们不断地进化，随着作物的变化而变化，慢慢地成了新的物种，与它们的祖先和现存的近亲物种都有明显的差异。

其他寄生虫物种以及害虫物种从其他栖息地迁徙到此，再次寄居在我们的农作物上，就像当初达尔文雀飞到加拉帕戈斯群岛定居一样。科罗拉多马铃薯甲虫的祖先以北美洲茄属植物（马铃薯原产于南美洲）的野生物种为食。在 19 世纪期间，这些甲虫在马铃薯上寄居，并迅速进化出对马铃薯生长气候的耐受性以及对喷洒在马铃薯上的最常见杀虫剂的抵抗力。科罗拉多马铃薯甲虫现在基本上在北半球任何有马铃薯的地方都能繁衍生息。[12] 导致马铃薯饥荒的疫霉属寄生虫物种过去以南美洲茄属植物的野生物种为食，但后来以人工培育的马铃薯为食，随后进化出新的特性并传播到爱尔兰和世界各地。[13] 引起小麦瘟病的寄生虫是从寄居在原产于巴西尾稃草属的牧草上的祖先进化而来。大约 60 年前，这种草从非洲传入巴西时明显带有寄生虫。一些寄生虫个体从牧草转移到小麦；而一旦种植小麦，这些寄生虫的后代就会进化，从而能够更好地利用小麦寄居。反过来，它们的后代散布在巴西的麦田中，像一阵风一样从一株植物转移到另一株植物。

育种者创造新型作物也可能会成为另一个物种起源的原因。在 20 世纪 60 年代，作物育种者成功培育出一种名为小黑麦的作物品种，它是小麦和黑麦的杂交种。此后不久，该品种感染了一种新疾病，即白粉病。白粉霉菌是由寄生虫小麦白粉病菌引起的，这个寄生虫是一个新的谱系，它是通过一种寄生在小麦上的寄生物种和一种寄生在黑麦上的寄生物种之间的杂交进化而来的。[14]

农田中的所有新物种也不只害虫或寄生虫，新杂草物种已经进化出来，它们模仿作物种子，并被农民无意中播种，至少在人工收获种子时是这样。新物种甚至已经进化到可以充分利用被储存的农作物。伴随 1.1 万年前农业的起源，家麻雀已经从它的野生近亲进化为新物种。如此一来，它不仅与野生近亲物种完全不同，而且还进化出了以高淀粉作物为食的能力，这与我们的谷物有关。同样，象虫科象鼻属谷物甲虫进化得更依赖我们储存的谷物。在这个进化过程中，它们的翅膀逐渐退化，直至消失。此外，它们与一种新的细菌物种形成了一种特殊的关系，这些细菌物种生活在它们的肠道内，吸收肠道内的营养（特定的维生素），而这些营养是在谷物中找不到的。

在我们的作物中进化出的新害虫、寄生虫、杂草和其他生物并不总被称为新物种，有时它们被称为品系、变种或谱系。通常，这些不同的名称根本没有差别，这也是农业分支学科的精妙之处，这些分支学科负责跟踪研究谁在吃我们的食物或与我们的食物竞争。我们清楚地看到：正如新的雀科品种和物种在加拉帕戈斯群岛定居后进化、新蝙蝠物种在新西兰定居后进化一样，新种类的害虫和寄生虫也在我们的巨大的农场岛屿上进化。在定居、适应、分化和物种起源的每一个过程中，新物种都会进化出不同的基因，同时也会进化出对这些变化的特定适应性和身体表征。达尔文写过“雀的喙”，但在马铃薯甲虫的长鼻或霉菌分泌的蛋白质中产生的变化也同样神奇。从这些例子中可以清楚地看出，新物种的产生通常对我们不利，它们不请自来地从我们的盘子里争抢食物。

除了农业岛屿，我们也创造了巨大的城市化岛屿。相对于地球变化的一般速度，城市的出现异常迅速，它们的增长类似一种火山爆发，大量水泥、玻璃和砖块被喷发出来，然后凝固。在很大程度上，进化生物学家忽略了在这种构造运动中可能发生的进化。请记住，生物学家最关注大型哺乳动物和鸟类。大型哺乳动物，比如土狼，喜欢四处迁移，因此无法在城市独立生存，而且鸟类也时不时地从一个城市飞到另一个城市。但是城市中的大多数物种都较小而且扩散性较差。较小的物种通常由于其世代时间较短而进化得更快。而且，正如基塞尔和巴拉克拉洛指出的：扩散性较差的物种更有可能变得孤立和产生物种分化。进化生物学家开始逐渐更多地关注城市，他们已经看到了进化迅速、扩散缓慢的物种之间存在差异的迹象。

老鼠并不是最有可能在城市进化出新物种的生物群。与土狼相比，老鼠的世代进化时间更短，迁移性弱，但是它们并非蜗牛。我的朋友兼合作者詹森・曼什－赛奥斯（Jason Munshi-South）最近的研究表明，在某些地区，比如地理位置比较偏远的挪威城市地区，由于城市的具体情况、生存的气候条件、食物和其他原因，老鼠种群已经明显分化，与之前的物种差异巨大。[15]

不仅生活在相隔很远的城市的老鼠——例如来自新西兰惠灵顿的

老鼠和纽约市的老鼠发生了这种分化，生活在同一地区不同城市的老鼠也是如此。近期，詹森·赛奥斯发现纽约市的挪威鼠种群内部之间联系紧密，几乎没有证据表明它们与来自附近城市的挪威鼠进行交配繁殖。同时，生活在曼哈顿两端的老鼠物种似乎也发生了分化。挪威老鼠不太可能在曼哈顿中城区游荡、进食、交配或最终安身，这可能是因为中城区的常住人口密度低于曼哈顿其他地区，因此居民不经意间提供给老鼠的食物相对比较少。不管是什么原因，从老鼠的角度来看，中城区就像是两个更美丽怡人的岛屿之间的海洋。同样，地下水路把新奥尔良部分地区的挪威老鼠与其他的挪威老鼠隔离，因而使它们发生了物种分化。另外，由于道路受阻，温哥华部分地区的挪威老鼠与温哥华其他地区的挪威老鼠也被隔离开来。如果目前的交配和活动方式一直延续下去，那么每个城市最终都会有其独一无二的挪威鼠种，它们适应了当地生活环境，成为每个城市特有的户外风景。[16]

家鼠跟随人类的活动，其踪迹遍布世界各地，现在已经分化成许多新物种和更多品种。到目前为止，这些物种和变种仅在细节上有所差异，并非与原物种完全不同，但它有的是时间。很少有人从城市之间的物种多样性的角度对家蝇进行研究，但看起来北美不同地区的家蝇似乎正在适应当地的条件。据此我推测许多较小的物种也有多样性趋势，只是未经研究检验。我们通常对周围发生的变化视而不见。

城市与其周围栖息地的差异越大，城市就越像岛屿。这不仅适用于新物种的进化，也适用于这些物种特征的进化。正如我之前提到的，岛屿物种的一个共同特征是容易失去扩散能力，例如鸟类失去飞行能力。在偏远的岛屿上，离家太远的鸟或种子不容易找到合适的栖身之地，而更有可能葬身大海。我们或许可以断言城市岛屿上的物种也会失去迁移的能力，至少在环境更舒适的栖息地很常见。神圣的还阳参植物（the holy hawksbeard plant）更多的物种生长在农村，它们距离原始栖息地更近，与之相比，其生长在城市的物种传播种子的数量正在减少。[17] 生活在栖息地不同区域比如城市、农场或废物处理厂中的失去扩散能力的物种更有可能分化为新物种。

未来，人们管制边境的方式将决定城市中许多正在进化的物种的命运。当我们能够更好地控制世界所有物种的行为活动时，城市中的物种将更容易彼此分化。如果我们要实施边境管制，势必会发生物种分化。如果全球经济崩溃，这也可能发生，这意味着外出旅行的人会越来越少。在某种程度上，COVID-19 病毒的传播使得物种正在发生这种分化。在任何一种情况下，物种的进化都可能与我们的行政区域相匹配，或者至少与我们实施管制的区域相匹配。因此，欧洲农场或城市的物种可能与北美的物种不同。据我所知，还没有人发现这一点，但是实际上在一些国家，比如新西兰，物种之间的差异越来越大，这些国家尽力阻止有害物种越境；同时，这种差异也可能出现在因战争或政治冲突而被封锁的边界两侧。自朝鲜战争结束以来，朝鲜很可能拥有独特的农业物种和城市物种。

通过专门研究特定的栖息地，我们发现新物种也可能在城市内形成。这与基塞尔和巴拉克拉洛的研究结果极为相似，同时也类似于在加拉帕戈斯群岛上陆生鬣蜥谱系进化出能够在水下生存的能力。鬣蜥进化出较短的腿、较平的尾巴和其他的适应能力，它们因此能够更好地潜到海底发现其他动物未曾吃过的藻类，并以此为食。它们进化出新的刺和一种类似熔岩的灰黑色皮肤，达尔文曾经提到正因为如此外表，人们常常称它们为“黑暗小恶魔”。类似的物种分化也正悄无声息地在城市中进行着，更稀奇古怪的生命体正在形成。在非洲，两种生活在城市的疟蚊种群似乎正在从其生活在农村地区的种群中分化出来，这可能是因为疟蚊城市种群必须进化出对人类城市无处不在的污染物的耐受性。在伦敦，一种叫“库蚊”的蚊子种群在 19 世纪 60 年代迁入伦敦的地铁系统。从那时起，这些蚊子的生活方式与其地面上种群的生活方式大相径庭，现在有些人甚至将它们视为一个独立的物种，即库蚊。地上物种以吸食鸟类的血生存，而地下物种则以吸食诸如人类、老鼠等哺乳动物的血为主。生活在地面上的雌性疟蚊需要吸食血液才能产卵；而食物稀缺的地下雌性疟蚊则不需要这么做。[18]

室内空间更有可能成为新物种起源的中心区域。我和我的搭档在美国发现了大约 20 万个物种，这些物种并非都只生活在室内，但大多数如此，例如蚰蜒、几十种蜘蛛、德国蟑螂和臭虫等动物。我估计现在至少有 1000 种动物主要生活在室内，其中许多生活在城市之间和城市内部的物种发生分化，例如，蚰蜒就充分证明了这一点，它们现在几乎遍布在地球上的各个角落，但似乎不喜欢迁移。那么最常见的家蜘蛛物种也是如此吗？还有那些主要生活在室内的外来蚂蚁物种，例如，黑头慌蚁是否也发生了分化？从来没有人对这些物种的进化进行过研究。

还有与我们人类关系密切的生命体，寄生在我们身体上和体内的物种，以及寄生在我们赖以生存的动物身上和体内的物种，无论是猫、狗、猪、牛、山羊还是绵羊。寄生在我们身体上的许多物种随着人口数量的增长而进化。在人口增长大幅加速的同时，家畜数量的增长也在加速。与此同时，更多偶尔依赖人类或家畜的物种分类变得更加细致和专业化。对于这样的物种，我们和我们的动物都是它们在未来生存的食物来源。随着古代人类四处迁移，足迹遍布世界各地，寄生在他们身上的物种分化成新的亚种，在某些情况下也分化成新的物种。我的朋友、加州科学院馆长米切尔·陶翰明（Michelle Trautwein）和我通过共同研究发现：随着人类在世界各地进行迁移，寄生在他们面部的螨虫都发生了分化。[19] 虱子、绦虫甚至人类皮肤和肠道中的细菌也发生了类似的事情。

当然，我刚刚描述的是我们周围正在发生的事情，这一切并非我们期望看到的。岛屿生物地理学研究从多个角度向我们表明：我们像对待湿面团一样蹂躏、撕扯和改造地球的外貌，致使我们无意中毁掉了我们赖以生存或可能赖以生存的野生物种；同时，虽然物种起源理论可能会给人类带来不少麻烦，但也获得了我们更多人的认可。而且由于物种灭绝的速度比新物种的形成速度快许多倍，因此造成两者比例失调。大自然和我们做了一笔交易：如果我们放弃数以万计的鸟类、植物、哺乳动物、蝴蝶和蜜蜂物种的话，我们可以获得许多蚊子和老鼠的新物种。这个交易实在是糟糕透顶，但目前我们却不得不接受。

令人庆幸的是，从现在开始保护地球上更辽阔的野生地区还为时不晚，即使像威尔逊提议的那样拯救地球的一半也并非遥不可及。我们不仅要保护公园，也要保护我们房屋的后院。我们的草坪有利于喜欢草坪的物种生存。忘掉自家专属草坪和单一植物吧，要珍惜本地物种；让您的草坪成为群岛岛屿的一部分，这样岛上的原生物种、森林或草原物种就能够得以生存。但令人担忧的是，栖息地隔离对物种的威胁不是唯一的问题，在我们砍伐森林和填平沼泽的同时，整个世界的温度也在逐渐上升。[20]

第三章　偶造方舟

各个栖息地区块中的物种，无论大小，面对气候变化都没有太多应对选择。一些物种可以通过改变自己的行为来适应新的气候，比如，一些昼出夜伏的动物会改变习性，昼伏夜出。有些物种可以针对新的环境进化自身的耐性，而大多数物种仍需要进行迁移。没错，想要在气候变化中生存，地球上的大多数物种都需要迁移。上千种哺乳动物、成千上万的鸟类、几十万种植物、数以百万计的昆虫、数不清的微生物都是如此，它们需要从目前的生境[①]岛屿转移到新的适宜生存的生境岛屿。生物迁移寻找新的家园，生物学家贝恩德·海因里希（Bernd Heinrich）将这种行为称为归巢。

归巢将成为未来几个世纪甚至未来数千年里最重要的生态现象。随着热带气候区变暖，热带物种也需要迁移到海拔更高、气候更凉爽的地方，但在那里它们也将面临更大的竞争，因为地势越高土地面积越少。热带物种也可以迁移到纬度更高的地方，北半球的向北迁移，南半球的向南迁移，例如，哥斯达黎加的物种将迁移到墨西哥的部分地区。与此同时，墨西哥和佛罗里达的物种需要迁移到洛杉矶和华盛

①生境是指物种或物种群体赖以生存的生态环境。——编者注

顿特区等地。就算对于可以飞行的物种而言，归巢也绝非易事。

生物需要正确判断它们可以重新定居的位置，然后再迁移到那里。除非善于飞行，否则它们必须一步一步地慢慢迁移，要么步行，要么搭个“顺风车”。它们在栖息地间辗转，直到找到一个符合自身需求的环境，当然，前提是这样的环境依然存在。然而许多物种找不到新的容身之所。它们可能四处游荡，却永远找不到适宜的栖身之地；或许它们可能终会找到新的家园，却为时已晚；它们或许会找到一个地方，那里有完美的气候条件，却缺少其他生存条件。生物也许会到达它们的理想国，但孑然一身，没有伴侣相随。

几年前，我和北卡罗来纳州立大学的一些同事决定研究物种的迁移路线。我们打算沿途追踪生物可能进行迁移的路线，我将这项工作纳入夏兰大项目（Charlanta Project），其原因显而易见。

夏兰大项目团队的研究思路与“生态位”和“生物廊道”两个概念有关。生态位是生态学家约瑟夫·格林内尔（Joseph Grinnell）在20世纪初提出的一个概念，类似于建筑物中用于放置雕像的小空间。对格林内尔而言，生态位是自然界中容纳每个物种的小空间。[1]按照自然法则来看，每个物种都有一个生态位。

建筑中的壁龛只要足够大，并且形状合适，就能放下雕像。相比之下，适宜物种生存的生态位需要满足其方方面面的需求，食物、气候还有休憩之所都要考虑在内。思及未来，生物最重要的需求与气候相关。每个物种都有一套适宜自己生存的气候条件。有些物种的气候生态位狭窄；有的气候生态位宽阔。美洲狮的气候生态位就很宽：它们在炎热潮湿的雨林、沙漠和寒冷的温带森林中都可以生活。相比之下，北极熊或帝企鹅的气候生态位就非常狭窄。

鉴于全球气候发生变化，生态学家们急急忙忙地对诸多物种的气候生态位一一进行详细描述。在这个过程中，他们掌握了一个秘诀：测量一个物种当下生活环境的气候，对预测其气候生态位有很大帮助。此外，如果对一个物种的气候生态位有一定了解，就有可能预测到在气候发生变化时，哪里适宜这种物种生存，从而有可能推测出其归巢地点。

我们的研究遵循的第二原则便是保护生物廊道这一理念，生物廊道是一种连接自然生境的桥梁，生物由此廊道从一个地方到达另一个地方，可以从一个城市公园到另一个公园，或是从一个大陆到另一个大陆。修建廊道是为了保护物种生存所需的栖所。走廊用于帮助物种迁移，我们可以视之为一种工具。但我们也可以将走廊视为一种规则，由此判断哪些物种可以在未来取得成功。当廊道作为一种保护性工具的概念被首次提出时，引发了激烈的争论。

我的朋友尼克·哈达德（Nick Haddad）是廊道保护价值理论的早期支持者之一。尼克是个保护生物学家，他的工作主要是保护稀有蝴蝶。尼克在读研究生期间便认为走廊既可以作为栖息地，同时也可以帮助包括蝴蝶在内的物种从 A 点移动到 B 点。尼克紧闭双眼，想象着五彩斑斓的蝴蝶和成群的哺乳动物沿着森林或草原的廊道来回穿行。不会飞的哺乳动物和昆虫可以步行或爬行，鸟类可以飞行，种子可以随着哺乳动物和鸟类的踪迹遍布各地。昆虫也是如此，形形色色的昆虫也有自己的门路。面对不断变化的气候，这种生命的大游行总是会从靠近赤道的地方开始，朝着远离赤道的方向行进；或是从山底开始，目的地是海拔更高处。这种假设符合逻辑，至少在尼克看来合情合理。

这个看法最初遭到了广泛批评，虽然它看似合理，却难以验证。

一些人认为廊道往往过于狭窄，就像一条独木桥，因此充斥着来自相邻栖息地的物种。其他人则认为生物不会使用廊道，或认为走廊会成为入侵物种的帮凶，而不是帮助本地物种进行迁移，还有人认为廊道只适用于动物迁移，与植物无关。科学家若是非要吹毛求疵去挑剔它的缺陷，那么他们研究的时间越长，能找到的缺陷就越多。

解决问题的关键在于找到一种方法来测试走廊是否有效。尼克·哈达德有一个主意。他喜欢在野外工作，也喜欢建造和修修补补——无论是更换旧房子的管道，还是亲自搭建自己工作所需的设备。“建造师”尼克习惯经常随身带着锤子或扳手。他想到了一个建造廊道的方法，于是便给美国国家科学基金会写了一份提议，然后前往南卡罗来纳州美国林务局定期砍伐树木的地点，即萨凡纳河场址（Savannah River Site）。尼克打算与林务局合作，通过砍伐当地的树木来重塑栖息地，从而消除草原栖息地的“岛屿化”；这不是木工活儿，但也差不多。通常情况下，当人们想到岛屿般的栖息地时，他们会想到田野中的森林或草原上的森林；恰恰相反，栖息地岛屿化表现为林海中如岛屿般的片片草丛。这种草丛在自然界中很常见。现在跟着我一起发挥想象力，想象一场小型森林火灾后的草原，一片被森林环绕的草原；想象一片长在干涸的旧池塘边的草地；想象在山顶，树林的上方，有一片空地。尼克通过砍伐更多树木建造了廊道，并用这些廊道把半数孤岛似的草原地块连接起来。通过廊道连接的地块看起来就像一个卡通版的杠铃。同时，其他地块会保持孤立的状态。从本质上讲，尼克的目的是创建两种世界进行对比，一组通过廊道连接，另一组没有。（尼克还提议考虑其他复杂条件，但与建造廊道这个复杂的大工程相比，它们只是细枝末节。）

审批尼克拨款申请的评审小组称这是一项不可能完成的任务，尤其是对于尼克这样的年轻人来说，他的规划与其说是个计划，不如说是“梦想”，因此评审小组拒绝了尼克的拨款申请。然而，尼克还能找到其他门路来资助该项目。尼克将证明这个项目并非不可能。相反，这个项目成了有史以来最重要的廊道实验，一直持续到今天。

尼克创建了栖息地区块及其廊道，然后他开始研究物种如何在其中迁移以及物种是否迁移。起初，尼克和他的妻子凯瑟琳·哈达德（Kathryn Haddad）一起进行这项工作。林务局负责搜寻栖息地区块和廊道，尼克和凯瑟琳对生态情况进行记录。他们手里拿着网，专心致志地研究蝴蝶。过了一段时间，尼克利用研究基金，组建起一支研究团队，这使凯瑟琳松了一口气。刚开始有数十名科学家参与，最终尼克研究团队的科学家超过了一百名。他们的研究对象有蝴蝶、鸟类、蚂蚁、植物、啮齿动物等，而且他们的研究取得了可喜的进展。在满足一定的条件下，走廊开始发挥作用。尼克和自己的学生、合作者共同发表了几十篇科学论文。后来他们之间的友情不断加深，合作也越来越密切，尼克的论文谈到了他们一起工作的诸多细节。

在尼克研究廊道时，其他科学家已经开始研究动物何以大规模穿过廊道。有证据表明，如果为美洲虎保留廊道，或为它们专门建造巨大的廊道，美洲虎就会从其中穿过（美洲虎返回美国西南部时出现过这种情况）。本地的野生老鼠只能沿着用绿色植物搭建的狭窄且蜿蜒曲折的廊道在城市公园和城市空地之间穿行。[2] 最终，就连早期批评过尼克的人也不情愿地承认了廊道的优点，这种优点对蝴蝶、哺乳动物和小鸟等较常移动到他处的物种而言尤为明显。在某种程度上，因为尼克的实验和其他类似实验卓有成效，才赢得了这些批评家的支持。他们的支持同时也反映出当前物种保护问题发生了变化。在尼克开始这项研究时，保护生物学家最担心的还是特定地区的物种保护问题，以及如何连接这些地区的栖息地。但是在过去十年中，由于我们逐渐意识到很多物种面对气候变化需要进行迁移，因此我们研究的重点已经转向如何使物种从它们目前的栖息地迁移到它们应该去的新家，而不仅仅是维持它们目前的生物种群。

廊道现在被视为确保物种能够根据气候变化进行迁移的最重要的工具之一，因此世界各地正在大规模地增建保护廊道。例如，美国黄石到育空国家公园群（Y2Y）的生态廊道项目的目的就是加强美国黄石国家公园到加拿大育空地区自然生境之间的联系。无论是横贯大陆的廊道，还是本地的廊道都有诸多好处。廊道沿线的作物极有可能被沿这里飞行的本地蜜蜂授粉；害虫也可能会受到在廊道里闲逛的捕食者和寄生虫的制约；树木廊道环绕下的河流水质会更好。此外，廊道成为人们穿梭不同自然栖息地的桥梁。例如，阿巴拉契亚小径（Appalachian Trail）沿线的森林既是野生生物的廊道，也是人类进行探索的路线。廊道并不是物种迁移的唯一途径。一些物种会单独进行迁移，它们可以搭乘直升机或其他机车从旧住处迁移到新住处。不过一旦涉及数百万个物种的迁移，廊道就是唯一可行的方法。

人们总是把廊道比作方舟。古代美索不达米亚曾有过关于方舟的故事，后来在《圣经》和《古兰经》中又出现了这个故事的类似版本。一个人得到神的授意，用绳索和柏油建造出一个巨大的圆舟，选取每种生物带到船上，躲避洪水，以此拯救了自己和其他物种的生命。在这个故事早期的一些版本中，洪水是一位对人类非常失望的神设下的劫难，因为他饱受人类的烦扰。人类由于自身过于吵闹聒噪而受到惩罚。洪水来了，恐惧也随之而来。洪水退后，大地上重新有人繁衍生息，这些物种的后代也一直随着方舟到各地进行繁衍，野生生物多样性渐渐恢复。[3]

如果把廊道比作方舟，比作一条将物种从此岸渡到彼岸、从过去渡到未来（无论“未来”作何解释）的船只，尼克在其中担任的角色不言而喻。他就是建造方舟的木匠。尼克对这个身份很满意，他很高兴自己能从事物种迁移工作，尤其是对蝴蝶的迁移做出了贡献，因为蝴蝶是他长期以来的研究对象。他很快也意识到，单靠自己无法完成这项工作。想要建成“方舟”，还需要几十个，甚至上百个“木匠”共同努力。无论是美索不达米亚的传说，还是后来《圣经》中的版本里，有幸踏上方舟的物种里都不见昆虫的踪影。尼克当然不会忽略掉昆虫。在尼克忙于建造廊道方舟的同时，其他人也在日常生活中共同打造着另一种方舟。

人们常说，由于受我们的现代生活方式影响，生物想要找到新生态位变得更加困难。找不到新的生态位，它们就无法在气候变化中存活下来。而人类却在摧毁这个世界，破坏物种可能通过的廊道，但这种说法并不完全正确。事实上，人类的日常活动在摧毁廊道的同时也在创造廊道，我们在误打误撞间搭建起了另一种意义上的方舟。保护生物学家忙于将森林与森林、草原与草原、沙漠与沙漠连接起来，而其他人则共同努力将城市与城市连接起来。该项目作为夏兰大项目的一部分，在其进行过程中，我一直谨记于心，我们项目的目的就是为了确定物种在美国东南部迁移的具体路线。

我参与夏兰大项目或多或少是受了尼克的影响。当时，尼克的办公室离我的办公室只隔了两扇门。我们俩的距离很近，当他大笑或大声说话时，我隔着墙都能感觉到。这就导致我每天上班都能听到“廊道”这个词。尼克的工作重点是廊道，他的学生也是如此，我们在办公楼的廊道里谈论生物廊道。无论夏兰大项目由何而起，我们的目标都是考虑未来城市将如何发展，继而研究自然空间廊道存在的具体位置。这项工作由亚当·特兰多（Adam Terando）主要负责，当时他的办公室与尼克和我的办公室之间只隔着一个大厅（廊道）。柯蒂斯·贝利亚（Curtis Belyea）制作了地图，他的办公室就在亚当旁边。珍·科斯坦萨（Jen Costanza）协助研究野生栖息地。我的同事杰米·科拉佐（Jaime Collazo）、亚历克斯·麦克罗（Alexa McKerrow）和我更多是在做辅助工作。

预测关于城市化、气候变化或任何受人类行为影响而产生的变化采取的标准方法，是设想不同的变化发生的情景。科学家说：“我们设想一下人类在同一情景下会有什么不同的行为。”在做了一系列“假设”后，科学家们开始预测这些情景对野生物种、城市或者气候产生的影响。

在研究中，我们“假设”：“如果人们一如既往地我行我素，那么会对未来产生什么样的影响呢？”在这种假设下，人类的行为一切照旧，实在是没什么想象力。但不可否认，这也是未来最有可能出现的情况。如果人们建造房屋的方法保持不变，如果人们喜欢与过去相同的栖息地（与森林相比，人们更喜欢居住在草原；与山顶相比，人们更喜欢居住在山谷），如果人们按照先辈们久经考验的模式不断使道路延伸至与新兴城市相连，那么会产生什么后果呢？我们对此进行了情景模型模拟，模型预测显示，夏洛特和亚特兰大的规模将增长约139%，两个城市将发生融合，并将与其他城市合并，从而形成一个特大城市“夏兰大”，从佐治亚州一直延伸到弗吉尼亚州。[4]

城市规模增长可能会对栖息地的连通性产生多种影响，从而影响到那些与野生物种繁衍有关的廊道碎片能否保留下来。所有种类的森林间的连通性会变得越来越小，草原也是如此。这两种生境类型的优质长廊也会减少。相比之下，城市规模扩大对湿地的影响没那么大，一部分原因是当前的政策不利于对湿地进行开发，而且该政策已纳入了本模型。总的来说，如果城市延续过去的发展模式，生物未来想要迁往草原定居将变得更加艰难。事实上，自我们 2014 年进行这个模型试验以来，短短几年，生物迁移状况已然变得更糟。好消息是，在此期间，人们尽力买下并保护连接这片景观所需的土地，保证物种的迁移道路通畅无阻。但是只要细看一下柯蒂斯·贝利亚绘制的地图（见图 3.1），就能发现情况不容乐观。

我和亚当、柯蒂斯、詹妮弗、亚历克斯、杰米仔细研究柯蒂斯制

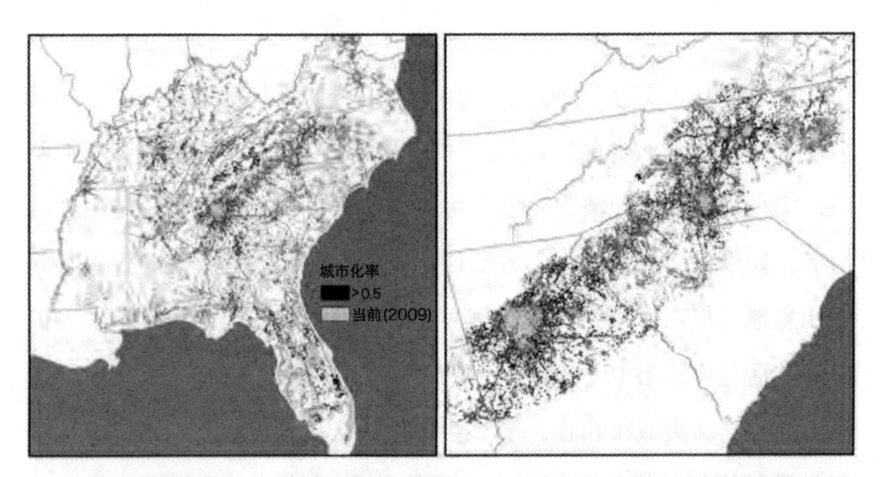

图 3.1　左图为 2009 年测量的美国东南部城市化区域（灰色）和预计到 2060 年将完成城市化进程的区域（黑色）。右图为放大比例的未来的“夏兰大”市，它就像个巨大的人造毛毛虫一样在美国东南部爬行。该地图由柯蒂斯·贝利亚制作。

作的地图，我们首先关注的是自然区域。而那些不属于自然的区域是众所周知的“白色空间”，这片白色空间圈定了自然区域的形状，对其生境造成了破坏。

生态学家们，无论是我的同龄人，还是前辈，都接受过观察原始自然的训练。大多数生态学家可能都是如此，这在我们这一行像是一个惯例。正如科学史学家莎伦·金斯兰（Sharon Kingsland）所言，这种对自然的关注是生态学领域的奠基人有意识的选择。[5]他们对城市和农场日常生态的杂乱状况避而不谈，不去研究以人类为中心的世界。但这还不是全部，这种对自然的关注也与选择成为生态学家的人自身有关。许多生态学家从前都是和爱德华·威尔逊一样的孩子，他们的童年就是捉蛇和在沼泽中滚成一团。对很多生态学家而言，远离人群的日子最为快乐。他们并不厌恶人类（尽管有些生态学家的确如此），只不过他们更喜欢大树、神秘的哺乳动物，还有大自然里狭窄的小路。哪怕生态学家退休了，他们也不会给自己放假旅行。他们会搬到小木屋住，在那里继续研究，通常同时也会有一两项爱好，例如饲养长角牛、为一些人迹罕至的地方绘制地图、搞搞电锯雕刻艺术，或是收集世界上最大的稀有石榴品种（这几个例子来自我退休的朋友）。这种趋向自然的生活方式有其好处，但也有相应的代价。代价之一就是生态学家有时会错过一些显而易见的东西。他们只关注树林，所以会错过城市。第二章中提到的岛屿和类岛屿栖息地就是一个典型的例子。在我和同事们查看柯蒂斯绘制的地图时，我们意识到在物种将如何应对气候变化这一问题时也是如此。我们已经基本能确定哪些物种能够通过迁移来应对气候变化。我们遵循“一切照旧”的原则已经建造出一条方舟，一条将某些特定物种从此岸渡到彼岸、从过去渡到未来的方舟。这条方舟就是未来的“夏兰大”。

图 3.1 展示了这条方舟的特质。右图是“夏兰大”，一个将现有城市连接起来的特大城市，就像在一根绳子上打的结。但它的北端也几乎与已经存在的大城市相连，城市空间从华盛顿特区延伸到纽约市，几乎（尚未完全）延伸到了波士顿。这便是我们错过的东西。我们已经创造了一个廊道，一个完美而巨大的廊道，但它不属于珍稀蝴蝶、美洲虎或植物。相反，它只属于城市生物，属于能够沿着道路移动、生活在建筑物中的生物，属于不在绿色空间生活而是在灰色空间生活的物种。因此，能够进行迁移、寻找新家的物种不会寄居在黑熊的肠道里或腐尸甲虫的腿上，而是在人类社会里成长，且善于飞行、步履稳健。它们可能寄生在我们的身上，寄生在我们豢养的动物身上，栖居在我们的车上，甚至在我们的货物上。

在最古老的方舟故事中，一只鸟，通常是一只鸽子，从方舟飞出，一去不回。这只鸽子会找到洪水退去后出现的陆地，然后栖居下来。远去的鸽子象征着洪水已过的时代。而福特汉姆大学的伊丽莎白·卡伦（Elizabeth Carlen）博士及其指导教授杰森·芒希－索斯（Jason Munshi-South）进行的研究告诉我们，从鸽子身上也能看到我们的未来。在北美洲，岩鸽，或称鸽子，在城市中生生不息，但森林里和草原上却难见其踪迹。在北美东部，鸽子居住的城市大多由华盛顿到纽约的城市廊道相连。然而，纽约和波士顿之间的那条廊道上有一个不大不小的隔断。最近，卡伦对北美城市鸽子进行了遗传学研究。她发现有证据表明，华盛顿到纽约市间的鸽子可以十分自由地进行杂交，以至于华盛顿鸽子和百老汇鸽子之间没有区别。从一个地方扩散到另一个地方并非难事，然而，华盛顿特区到纽约市廊道上的鸽子在基因上与波士顿鸽子略有不同，主要是因为两地间缺乏廊道。[6]

波士顿鸽子的案例告诉我们生物体在城市可以远行，新物种也可以在此进化。将岛屿生物地理学和廊道的概念结合在一起，我们可以做出这样的预测：在连通性强的特大城市群，物种可以由南向北迁移（北半球地区）。但各个特大城市中的物种可能并不相同。同时，所有的物种都面临着相同的窘境：分布广泛、分化或灭绝。这些问题的严重性又取决于其种群规模、迁移的难易程度以及该物种是否首先到达特定栖息地。

在很大程度上，我们的城市廊道能确保那些适应城市栖息地、分布广泛的物种生存。我们无意中为它们建造起了方舟，但受益者不仅仅是它们。我们还将我们居住的栖息地，甚至我们的身体连接了起来。臭虫也可以通过我们创造的廊道向北或向南迁移，寻找舒适的气候区。德国蟑螂的气候生态位很窄，在中国，他们只能生活在有空调和暖气的室内。最近的一项研究表明，在过去 50 年，这些蟑螂可通过搭乘可调温的火车形成的廊道在中国传播。[7] 我们不仅将诸如鸽子、臭虫、蟑螂等这些物种及其生境联系起来，我们也已经为它们未来的连通奠定了基础，我们投资建设的基础设施也成了它们安然度日、繁衍生息的温室。

此时此刻正在阅读本书的读者可能会觉得这个说法并不陌生。毕竟，我们目前的发展程度显而易见，不光是公路，飞机和船只也成了人们将地球上的各个区域连接起来的工具。在全球范围内，我们的沿海城市通过数量惊人的船舶和航线连接在一起，许许多多的航班将我们的城市相连，我们通过交通线将各国紧密相连。在这个过程中，我们建造了另一种廊道，它适用于生态位更窄的生物，这些生物可以附着在人身上或是存在于人类体内。导致肺部感染的冠状病毒穿过这些廊道，它的传播路径正符合人类的运动轨迹。这种连通性会产生一系列后果，但人类之所以能在地球上成功繁衍，原因之一就是我们有能力逃离那些危害我们的物种的魔爪，哪怕要付出一定代价。这一点我将在第四章中详细阐述。[8]

第四章　最后的逃离

动物为了寻找生存所需的环境而进行迁移时会遇到以前从未接触过的物种。它们彼此陌生，却难免相遇。植物会遇到新的传粉媒介，也会遇到新的害虫；猫头鹰会听到从未听过的其他同类的叫声；老鼠会遇到其他种类的老鼠。每一次相遇都可能展开一段新的故事，自然界上演着千千万万次的相遇。有些相遇是不可预测的，仿佛是在我们身边上演的一出即兴表演。不过，还有一些相遇是可以预见的，这些可预见的相遇与躲避法则有关。

躲避法则指出，物种躲避它们的捕食者、寄生虫和天敌，并从中受益。长期以来，当物种迁移到没有天敌的地方，进化到能够抵抗敌人甚至有极少数物种可以进化到消灭自己的天敌时，躲避的好处自然就显现出来了。在过去的一百年里，每当人类在一个地区引入另一个地区的物种，这种躲避现象就尤为明显。新引进的物种在没有天敌的情况下通常会大肆繁衍。例如，食草动物以本地生长的树木为食，而对许多从外地引进的树木不感兴趣。[1] 因为它们没有了自己的天敌才能长得更茂盛。人类也不例外。人类在世界各地迁移的过程中摆脱了自己的天敌并从中受益。

有时是为了躲避肉食性动物。我们的祖先长期受到肉食性动物的围攻，就算现在，我们还可以听到野生的非人类灵长类动物发出一些声音，这些声音像是只言片语，比如："哦，好美味的水果"——这是黑猩猩的常用语，表示食物好吃；抑或"哦，糟了，是豹子""糟了，有蛇"，以及"天哪，吃小孩儿的巨鹰"——这些是黑长尾猴等物种的语言。[2] 早期的古人类还会受到野生动物比如豹子、蛇和鹰的攻击并被吃掉。汤恩幼儿（Taung Child）头骨是保存最完好的早期古人类头骨之一。这个头骨的不同寻常之处在于，它的发现地似乎曾是一只巨鹰的巢穴，而且它的一个眼窝里有鹰爪的痕迹。此外，人们曾经在某些原以为是人类避难所的地方发现了许多古人类的骨骼，但后来才发现这些巨大的骨骼其实是鬣狗的骨头。简而言之，我们的祖先经常成为其他动物的盘中餐。现代人类具备的战斗或逃跑应激反应就是在这种出生入死的大戏中进化而来的，但当我们的祖先开始狩猎时，这些曾经的掠食者便成为被捕杀的对象。

近期，爬行动物学家哈里·格林（Harry Greene）和他的搭档托马斯·黑德兰（Thomas Headland）在一项研究中指出：仍然有人类会葬身于巨蟒的腹中，但这都是极少数的个例了。[3] 在大多数情况下，人类从肉食性动物口中逃生已经变成了轰轰烈烈的传奇故事了。然而，想要摆脱寄生虫就没这么简单了。接种疫苗、洗手、水处理系统和其他公共卫生措施在一定程度上能帮助我们预防某些寄生虫感染，但除了这些现代化手段，人们也会采取传统的预防措施，其中有的措施依然有效，而有的则已经失效，这种原始预防手段与他们居住地的地理位置息息相关。随着全球变暖，各类物种也正通过人类在地区之间、大陆之间建立起的廊道间不断迁移。与此同时，迁移给人类带来的好处也逐渐显现出来，但是这些好处显现之时也恰恰是它们消逝之时。

一旦把世界看作一个整体，我们该逃往何处就一目了然了。我和我的朋友迈克·加文（Mike Gavin）以及另外两个搭档尼耶玛·哈里斯（Nyeema Harris）和乔纳森·戴维斯（Jonathan Davies）在几年前就曾证明，在炎热潮湿的地区，人类传染病和引发这些疾病的寄生虫的种类最多。[4]这种现象很常见，炎热潮湿的热带地区几乎有着人类生物研究史上迄今为止种类最多的生物种群。那里的气候条件不仅为美丽的鸟类、千奇百怪的青蛙和各种长腿昆虫的生长繁衍提供了有利条件，同时也是病毒、细菌、原生生物等致命寄生虫的温床，那里的虫子甚至能组成一个小型的蠕虫怪物马戏团。炎热、干燥的环境并不适合大多数寄生虫生存，更别说寒冷的环境了。即使那些在热带地区进化过的寄生虫能够在较干燥或较冷的地区生存，但它们大部分也无法繁衍。简而言之，一个地方越温暖、越潮湿，人们在那里会遇到的寄生虫种类就越多，相应地，躲避寄生虫的机会也就越少。

然而，当人们把目光聚焦在某一种特定的寄生虫时，事情就变得更加复杂了。很多情况下，疟疾所到之处即是寄生虫泛滥之地，同时情况也会变得更加复杂。如今，每年约有100万人死于疟疾，但并非所有地方的疟疾都如此严重，比如在季节性寒冷或干旱地区，疟疾就很容易得到控制。疟原虫是一种热带寄生虫，人们迁移到热带之外就可免受其害，这种寄生虫的感染和防治手段自古以来就与地理因素有着千丝万缕的联系。

每一种现代非洲人科动物包括大猩猩、黑猩猩和倭黑猩猩体内都携带着不同种类的疟疾寄生虫。随着古人类进化分化，他们体内的疟原虫也在进化分化。最早的人类（比如能人）也受过疟疾的困扰，那可能是一种古老的疟疾，与感染现代黑猩猩和倭黑猩猩的疟疾种类关系最为密切（其密切程度就像我们与黑猩猩和倭黑猩猩一样）。这是祖传的人类疟疾，通过血脉代代相传。然而大约两三百万年前，某个古老的人类物种身上似乎出现了一种基因变化，他们体内的红细胞上产生了一种糖，疟原虫可以与之结合；这使得他们数百万年来都对这种古老的疟疾免疫。[5]

大约一万年前，在热带非洲某个地方的居民突然染上了一种通过大猩猩传播的疟疾，这种疟疾逐渐进化出了破坏人类红细胞的能力并解决了其关键糖类缺乏的问题。[6]它也进行了分化并最终进化成了一个全新物种——恶性疟原虫，或简称恶性疟。恶性疟在整个非洲传播并继续向其他地区蔓延，新兴的农业也成了它的帮凶，那些住处附近有积水的人便不幸成了其宿主。恶性疟已经成为目前世界上致死率最高的疟疾。

这种人类祖传性疟疾进化史和人类为了逃离疟疾而产生的进化都发生在热带地区。同样，大猩猩身上的疟疾寄生虫在人类之间传播以及恶性疟疾的进化也发生在热带地区。生活在炎热潮湿气候中的人很容易受到疟疾寄生虫的影响，也很容易受到其进化演变的影响。在这一过程中，人类的身体一次一次经受着摧残和折磨。在过去的一万年里，恶性疟疾的杀伤力极大，这也使得人类不断进化不断适应，提高了对寄生虫的抵抗力。

人类迁移到更干燥或更凉爽的栖息地时就摆脱了疟疾的噩梦。温暖潮湿的环境最有利于疟原虫自身和携带疟原虫的蚊子存活：足够潮湿的环境利于蚊子繁殖，足够温暖的环境让蚊子可以挨过冬天。在人类历史和史前文明的某些时期，疟疾传播到了一些气候较冷、较干燥的地区，但传播的速度很缓慢。在这些地区，它的威力无法完全发挥出来，且发作没有那么频繁（而且在很久之后变得更容易被控制了）。总的来说，在过去的一万年里，人们只要搬到寒冷或干燥的地方就可以避免感染疟疾。在一些国家，这种避免疟疾的方法使得该国家里气候较冷的地区成为精英人群的聚居地，通过迁移到寄生虫的生态位以外，精英人群得以逃过一劫。同样的，今天生活在世界疟疾区以外国家的人们还在用这种方法预防感染寄生虫。在过去一万年的大部分时间里，且不论对其他寄生虫的成功预防控制，仅是对疟疾的预防就能够延长人类的预期寿命，降低了婴儿的死亡率。如果您目前生活在无疟疾区，您会因该地没有疟疾而高枕无忧——这还要归功于躲避法则。恶性疟原虫只是数百种寄生于热带生态位的寄生虫之一。虽然每种寄生虫的具体生物特性以及生态位各不相同，但是预防原理是一样的，只要生活在它们的生态位之外，就可以避免被这些寄生虫传染。

人们生活在寄生虫的生态位之外，从而在地理位置上躲避寄生虫。人们会采取两种不同的方式进行躲避。我在第二章中将生态位作为一个单一的概念进行了详细介绍。然而，实际上，每个物种都有两个生态位，一个基础生态位和一个实际生态位。

物种的基础生态位描述了适宜生物生存的环境，通常还描述了符合这些条件的地理状况。实际生态位指物种实际占有的生态位，它是基础生态位的子集。如果一个物种因受到其他物种影响而无法在某地区生存，则该物种的实际生态位可能小于其基础生态位。但更常见的情况是当物种无法到达其某个基础生态位中的栖息地时，其基础生态位和实际生态位就会产生差异。例如，南极完全有可能具备适宜北极熊生存繁衍的条件，可能属于北极熊的基础生态位范围。然而，南极并不是北极熊的实际生态位，因为北极和南极之间的距离实在是太远了。

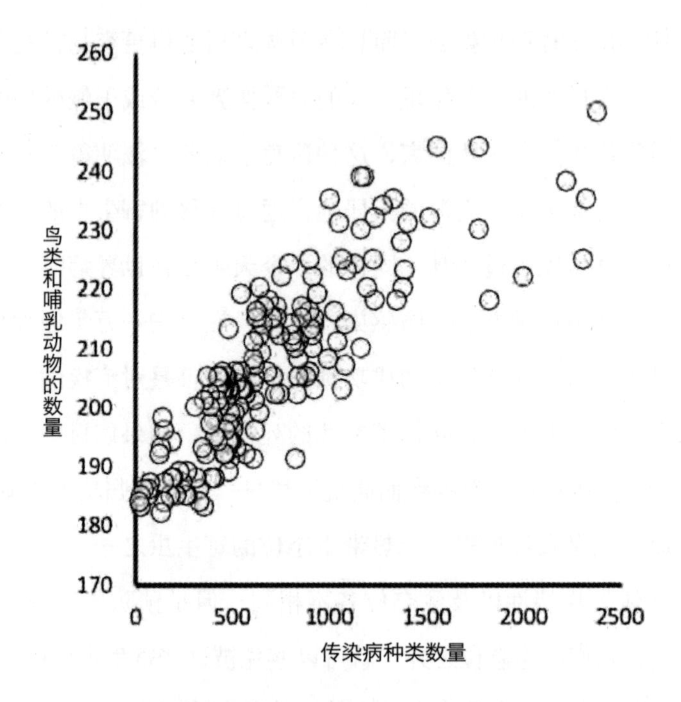

图 4.1 一个行政区域中鸟类和哺乳动物多样性的函数，用来表示由寄生虫引起的传染病种类的数量变化，寄生虫病原体可能包含蠕虫、细菌、病毒或其他类群。鸟类和哺乳动物种类越多的地方，疾病种类就越多，这是因为更多种类鸟类和哺乳动物进化的过程，同时也是更多种类的寄生虫（传染病的病原体）进化的过程。

基础生态位和实际生态位间的区别与躲避的法则密切相关，所有物种包括人类在内都可以通过迁移出自己天敌的基础生态位范围来逃过一劫。如今，欧洲人没有感染恶性疟疾，这是因为虽然恶性疟疾极易传入欧洲，但由于携带寄生虫的蚊子和疟原虫本身的生物学特性，这种疾病在欧洲更容易得到控制。然而，倘若某一区域属于某种有害生物的基础生态位，但还不属于其实际生态位，人们也可以迁移到那里，换言之，人们可以逃到有害生物还没有涉足的地方来躲避其害。

纵观人类史前史和文明史，这种躲避手段十分重要，但并非长久之计。这种方法只在有害生物无法占有其全部的基础生态位时奏效。但总有一天它们会赶上我们迁移的脚步，思及未来，我们不得不考虑到这种可能性。

说起人类历史上被研究得最透彻的大逃亡，就不得不提起人类曾经通过连接两个大陆的大陆桥从亚洲进入美洲的大规模逃亡。这个大陆桥出现于一个异常寒冷的时期，当时冰川的水大面积冻结，导致海平面下降，形成了大陆桥。人们通过这座大陆桥进行迁移，这一行为对于依赖人类生存的寄生虫的生态位的地理分布产生了复杂的影响。人类在新的栖息地定居也使得这些地区成了许多人类寄生虫潜在的生态位。然而，这些人类一路穿过寒冷的美洲北部迁移到美洲其他地区，这一过程对寄生虫有特殊的影响。肠道寄生虫，如钩虫之类，它们的卵需要在温暖的环境中孵化，因此或许第一批移居到美洲的人在迁移过程中无意中阻碍了肠道寄生虫的孵化。此外，对热带条件或载体依赖性很强的寄生虫可能无法进入美洲大陆。一些喜欢存在于密集人群的人体寄生虫，如引起肺结核、痢疾和伤寒的细菌，可能也恰好被挡在美洲大陆外了。[7] 迁移的种群恰好少了这些寄生虫。在这种背景下，很有可能第一批移居美洲的人都能摆脱几乎所有的人类寄生虫，不管他们定居在美洲北部还是迁移到南方。在大多数情况下，事实的确如此。

我说“在大多数情况下”，是因为完全躲避寄生虫没有表面看起来那么简单。一旦寄生虫找到宿主，它携带的疾病就可以在人群中迅速传播，就像导致新冠感染的病毒一样。根据巴西寄生虫学家阿达托·阿劳霍（Adauto Araújo）和他的搭档内布拉斯加州大学寄生虫学家卡尔·莱因哈德（Karl Reinhard）的研究显示，似乎几千年前的美洲就发生过类似的事情。

阿劳霍和莱因哈德毕生致力于研究欧洲人到达美洲之前生存在木乃伊和其他美洲民族遗骸中的寄生虫。他们发现，这些遗骸里有许多寄生虫，如果人类是徒步穿越了远北地区的大陆桥，这些寄生虫就无法存活。大陆桥上的环境不符合其基础生态位——它们会被冻死的。这是一个了不起的发现，它又一次证明了最早来到美洲的民族不是通过大陆桥而是乘船来的。（那艘船——或者说那些船——是否穿越了太平洋，或是沿着海岸从北航行到南，目前尚未可知。）更令人惊讶的是，有证据表明某些寄生虫，如钩虫、线虫、鞭虫和蛔虫，都经历了这样的旅行。[8]一种结核病菌株甚至可能是在这段旅程中（或者是在这些旅程中）出现的。[9]到达美洲后，所有寄生虫都在美洲境内符合其基础生态位的地区扩散，寄生到了几乎所有的人类种群身上。

当这些寄生虫在整个美洲传播时，也就说明第一批到达美洲的人并没有完全逃脱来自非洲、欧洲和亚洲的自然天敌（即寄生虫）。（这种事情只能是马后炮，谁又能提前预知呢？）不过重要的是，并不是所有的寄生虫都能乘船旅行，所以还是有许多寄生虫被隔绝在美洲大陆之外。例如，第一批生活在亚马孙雨林的美洲人没有人患黄热病、血吸虫病或恶性疟疾。但其他隐患依然存在。

在早期的“大加速”发展阶段，欧洲、亚洲和非洲人开始越来越多地对自然进行改造，创造了许多新的生态环境。一些长期以来稀有的物种得以大规模繁衍，许多家养动物，如猪、山羊、牛、绵羊和鸡都是如此。此外，在某些地区，人类的定居点越来越密集。疾病生态学家一致同意，这些条件叠加到一起就会为新寄生虫的进化和它们携带的疾病传播提供理想条件。再回想一下第二章中提过的概念，从寄生虫的角度看，庞大的人口不就是巨大的类岛屿栖息地吗？与人类生活在一起的动物为多种寄生虫在这些岛屿上繁衍提供了机会，这就是我们说的新隐患。在欧洲、亚洲和非洲的人类大规模聚居地，新的寄生虫进化出了在人类身上寄生并在人与人之间传播的能力。在人口非常密集的地方甚至进化出了一种全新的寄生虫，它们可以通过空气在人与人之间传播。由于“大加速”发展，人类人口密度急剧增大，人类对生态系统的影响变得更大，一些携带了疾病的寄生虫随之进化，它们携带的疾病包括流感、麻疹、腮腺炎、鼠疫和天花，这只是冰山一角。[10]

与欧洲、亚洲和非洲的人口一样，美洲的人口也会经历人口加速增长，但比以上地区要晚。美洲的人口增长与更少数的新型寄生虫的进化有关，原因尚不清楚。

最终，美洲的居民经历了一次逃离，他们逃离的不仅仅是一两种寄生虫，而是几十种，甚至上百种寄生虫。其中有一些寄生虫非常古老，而且其中有一些是新进化出来的。

人们在向世界各地大大小小岛屿的迁移过程中都有过类似的逃亡经历，他们建造船只，扬帆，划桨，想要逃离这些新老恶魔的魔掌。

同人类躲避捕食者和寄生虫一样，作物也会经历这种躲避过程。地球上有六个地区的人类分别找到了培育作物的方法，他们圈起了自己的菜园子。然后，他们也开始把这些作物移植到比其本土生长环境稍干燥的环境中。作物的移植驯化区并非气候或土壤最适合作物生长的地区，相反，它们是作物最匮乏的地区。也许是巧合，这些区域也恰好远离一些害虫和寄生虫的生态位，作物因而得以逃脱其害。然后人类开始乘船从一个地区迁移到另一个地区。

人类乘船迁移产生了两个结果。其一，他们迁移到新的地理领域，再次确保了自身安然无恙，他们逃到马达加斯加，逃到新西兰，逃到所有遥远的地方。其二，人类迁移时也带走了他们种的作物。例如，南美洲和中美洲的农作物传入加勒比地区，非洲农作物一路传入了南欧。农作物也逃过一劫——当农作物传入与之前完全不同的生物地理分布区时，这种躲避行为的影响便愈加明显。

几亿年来，大陆块间的断裂分离导致不同地区的动物、植物甚至微生物产生很大差别。两个区相隔得距离越远，物种在它们之间迁移的可能性就越小。物种因为其地理位置上的分隔而发生了分化，时间越久，它们分化的程度就越大，所以最终导致不同地区间的物种差异性很大。蜂鸟只生活在美洲，番茄、土豆和辣椒的祖先也是如此。树袋鼠只栖居于澳大利亚和巴布亚新几内亚，香蕉的祖先也是如此。猿猴只存在于非洲和亚洲。在分化之后物种之间产生了叠加现象：在某些情况下，大陆块相互撞击，使得来自一个大陆块的物种与来自另一个大陆块的物种混合在一起；或者单个物种从一个大陆块扩散到另一个大陆块：想象一下两只猴子骑在一根大圆木上漂洋过海的画面，因此人们普遍认为灵长类动物就是这样到达美洲的。陆地本身的地理阻隔、板块运动和板块漂移等因素导致不同大陆的生物群存在差异，生态学家据此将大陆块分组划分成生物地理分布区（见图 4.2）。例如，北美的大部分地区属于新北界生物地理分布区，与包括欧洲和亚洲大部分地区的古北界生物地理分布区相比，新北界的生物多样性更大。

当作物从一个生物地理分布区迁移到另一个生物地理分布区时，它们不仅躲开了古老的害虫和寄生虫天敌，也避开了那些古代害虫和

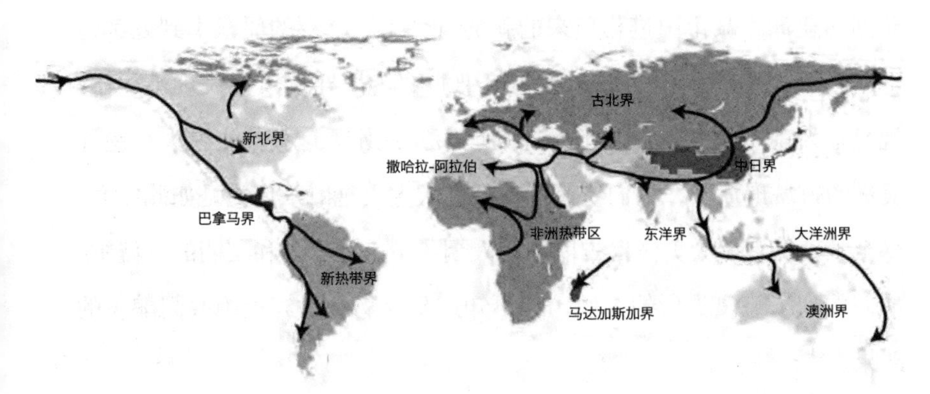

图 4.2 地球上的生物地理分布区，划分依据为不同区域中两栖动物、鸟类和哺乳动物的种类，分区由白线和不同的阴影分隔。地图上的线条显示了我们这个物种（智人）在世界各地迁移以躲避其寄生虫和捕食者潜在的行动轨迹。该地图由劳伦·尼科尔斯根据本·霍尔特 (Ben G. Holt) 论文《华莱士的世界动物地理分区更新》中的地图制作，该论文于 2013 年发表于《科学》杂志第 339 卷第 6115 期第 74—78 页。

寄生虫的近亲，这为作物提供了一个全新的、更彻底的逃脱机会。当欧洲人到达美洲时，作物的移植和逃脱速度加快了。辣椒随着葡萄牙人传到了印度和韩国等地，后来融入印度和韩国的文化和烹饪方式中，以至于现在很多人认为它们产自当地。西红柿最终传到了欧洲，土豆则从安第斯山脉传到爱尔兰。

在所有这些作物的移植中，人类创造了躲避的机会，但也不可避免地为寄生虫和害虫的传播提供了机会，从而使得寄生虫和害虫占领了整个基础生态位。生态学家把寄主逃脱了寄生虫或捕食者的情况称为“天敌释放”，没有合适的词能形容我们与自己天敌的重逢，也许是因为没有任何语言能够描述出那一刻有多可怕。

欧洲人来到美洲时随船带来了原居住地的寄生虫——美洲原住民移居美洲时原本已经成功摆脱了它们。此外，他们还带来了在欧洲、非洲和亚洲大城市中进化出来的新的寄生虫。欧洲的船只上到处都是寄居在人体上的传染病菌，这些传染病的传播导致人类大规模死亡，规模之大前所未有，数以千万计的印第安人死于这次“生物大灭绝”。美洲的古城崩溃了，人们纷纷迁移。这次大灭绝的杀伤力是如此之大，以至于殖民者以为美洲自古以来就人烟稀少。在家园和文明的废墟中，他们看到了流离失所的人们，却不知这是疾病和种族灭绝共同酿下的恶果。[11]

后来，美洲作物上的寄生虫又感染了移植到别地的作物。马铃薯疫病传入爱尔兰，使马铃薯又撞上了一个它原本已经摆脱了的老对头。随之而来的饥荒导致100万爱尔兰人死亡，另有100万爱尔兰人移居其他国家。

现如今，在许多国家，人民的健康和福祉以及作物的产量仍然取决于两种躲避方法。第一种方法是使寄生虫和害虫物种的实际生态位仍然小于它们的基础生态位。第二种方法是让人类和作物生活、生长在寄生虫和害虫的基础生态位之外。这两种逃避方法的可行性现在都受到全球变化的威胁，我们建造的连接世界的交通网络威胁到了第一种方法，而气候变化又威胁到了第二种方法。

如果你知道木薯粉蚧（蚜虫的近亲）是怎么危害木薯的，应该也能猜到，随着我们在世界范围内建立起广泛的联系，我们将会采取何种方法摆脱困境。木薯原产于热带美洲，后来被引入热带非洲和亚洲。在大多数非洲和亚洲的热带地区，没有天敌的木薯是人类主要的食物来源。木薯对于非洲、亚洲和美洲热带低地地区的许多人来说，就如同马铃薯之于马铃薯饥荒前的爱尔兰人一样重要。[12]

在20世纪70年代，木薯遇到了危机。一种新的粉蚧在非洲刚果盆地的木薯上寄生。好心的研究人员试图将美洲的木薯新品种引入非洲，却无意中引入了这种粉蚧。木薯粉蚧无情地蚕食着木薯田，这种粉蚧可以在一年内杀死数英亩的木薯田，把木薯田完全毁掉。它如果继续以这样的速度在刚果盆地传播，那么它会在几年内传遍非洲。假以时日，亚洲也难逃其毒手。粉蚧恣意繁衍，似乎没有什么能阻止它们。没有其他害虫或寄生虫的威胁，粉蚧的数量持续增长。刚果盆地没有能克制它的物种，可以说它已经从天敌的手中成功逃脱了。

想要治理粉蚧，有一种方法是去粉蚧的原产地，在那里找到能克制它的昆虫或寄生虫，然后在引入粉蚧的地方释放它的天敌，这种生物防控措施风险性很大，其关键点是返回粉蚧的原产地弄清楚什么物种以粉蚧为食，将这些物种带到刚果盆地，批量饲养，然后释放它们。

要找到粉蚧的天敌，就必须知道粉蚧最初的栖息地。然而没人知道答案。虽然不知道粉蚧来自哪里，可人们可以通过了解粉蚧近亲的栖息地，制订防治措施。但是，没有人知道粉蚧与哪个物种有关，更别提它们生活在哪里了。在不知道粉蚧近亲在哪里的情况下，人们可能会回到最初培育木薯的地方（那里的木薯害虫和寄生虫以及它们的天敌可能最常见）。没有人详细研究过木薯的地理起源，因此，别无选择的科学家汉斯·哈伦（Hans Herren）开始了他的寻找之旅。他虽然年轻，经验不足，但也是恰恰因为他年轻，所以有大把的时间可以进行探索。哈伦从加利福尼亚出发，向南行进。他穿过了战场，跨越了战区，一路上尽是艰难险阻。在哥伦比亚，他发现了一种粉蚧，却发现它不是自己正在寻找的那种。[13] 他的一个朋友以哈伦的名字命名这种粉蚧，哈伦继续寻找。

哈伦没找到粉蚧，但他将自己的任务告诉了朋友托尼·贝洛蒂

(Tony Bellotti)。贝洛蒂此时恰巧要去巴拉圭与妻子签署离婚文件，这正好为贝洛蒂提供了散心的机会，而他恰巧就在巴拉圭的原产地发现了木薯粉蚧。[14]哈伦、贝洛蒂和其他人随后发现了一种黄蜂，这种黄蜂会在巴拉圭的木薯粉蚧身上产卵。他们将十几只这样的黄蜂带到了英国的一个检疫实验室（在这里黄蜂就算偶然逃跑也不太可能造成大麻烦）。他们对黄蜂进行详细的生物学研究，然后将黄蜂幼虫带到了西非。在西非，他们克服万难，找到了快速培育黄蜂的方法，成功地用几只黄蜂培育出数十万只黄蜂。他们释放了这数十万只黄蜂，神奇的事情发生了：黄蜂及其后代遍布非洲，最终消灭了粉蚧，为数亿非洲人挽救了木薯作物。[15]后来，同样的故事又在亚洲上演。

这一小群科学家（他们每个人都专注于生物世界某个鲜为人知领域的研究）拯救了数百万人，使他们免于饥饿。这些科学家之所以成为英雄是因为他们甘愿在遍布未知物种的野外中大海捞针（在这里说“捞黄蜂”或许更恰当），并甘之如饴。更令人惊讶的是，从我们的角度来看，在科学家们发现粉蚧，并意识到可能有许多粉蚧物种攻击木薯（以及许多黄蜂物种可以杀死那些粉蚧）后，却没有人去研究其他粉蚧或黄蜂，也没有人研究在木薯原产地与木薯共生的任何其他物种，反正没有任何真正意义上的细节研究。只有等到下一次灾难发生，人们才会想起进行这些研究。差点儿酿成的悲剧和实际发生的悲剧让我们意识到，这个世界上还有很多人类未知的东西。然而，化险为夷后的安宁和尘埃落定后的悲伤与平静让我们忘却了对这个世界的无知，我们自然要为自己的健忘付出代价。[16]

科学家们却不会忘记。他们写论文，告诉人们需要做什么。他们做演讲，告诉人们需要做什么。他们用浅显易懂的语言写论文，只为发出直白的警示。若无人倾听，他们会重新开始工作，做自己力所能及的事情。如此多的物种攻击我们的作物，而在每次灾难中，对移植物种进行研究的科学家却少之又少。有时，科学家们会在关键时刻力挽狂澜；有时，他们也无力回天。与此同时，还有数百种作物寄生虫尚未占全它们的基础生态位。

现如今，汽车轮胎的侧壁和整个飞机轮胎都是由从巴西橡胶树中流出的天然乳胶制成的。这些树木在亚马孙雨林中自由生长，但无法在当地的种植园种植，因为它们非常容易受到害虫和寄生虫的侵害。因此，世界上几乎所有的橡胶都来自热带亚洲的种植园，橡胶树在那里茁壮成长，完全避开了害虫和寄生虫的侵害。但是，害虫和寄生虫灾害只是时间问题。一旦橡胶树染上虫灾，据估计，全球橡胶产量只够我们使用十年。[17]

由于远离了天敌，如今许多作物得以茁壮成长，人类也因此繁衍生息。这些逃避行为贯穿在人类历史的细枝末节中，也发生在害虫和寄生虫的地理环境不断变化的过程中，这一点非常重要。

除了搭乘交通工具的入侵物种，人类和农作物的躲避行为也受到了入侵物种迁移和气候变化的双重威胁。下面让我们看看埃及伊蚊的案例。

黄热病和登革热的病毒都通过血液传播，这些病毒都存在于埃及伊蚊纤细小巧的身体中。在首批人类来到美洲时，美洲还没有这两种病毒，也没有蚊子。在过去一万多年中，它们一直未在美洲出现过，美洲居民从未经受过黄热病或登革热带来的恐惧。后来，埃及伊蚊出现了。它似乎是通过运送奴隶的船只进入美洲的，然后通过公路、河流和铁路网传播开来。黄热病毒寄生在奴隶的身体里，似乎和蚊子一样，也是乘船到了美洲。后来，登革病毒也从亚洲传到了美洲。现如今，黄热病毒、登革病毒以及它们寄生的蚊子遍布美洲所有气候温暖、阳光普照的地区和城市。随着气候变化，城市规模的不断扩大，城市间的联系更加密切，它们继续四处传播。

埃及伊蚊通常被称为“家养”甚至“驯化”的蚊子，因为它极易在人群周围繁衍。城市中的旧轮胎、排水沟等处中的小水洼都是蚊子的栖息地。此外，城市往往比其周围地带更温暖，而埃及伊蚊是一个热带蚊子物种，它在温暖的环境中繁衍，在寒冷的冬天则会冻死。但是，由于城市更加温暖，埃及伊蚊在一些原本较寒冷的城市仍然能够生存下来。埃及伊蚊在华盛顿特区已经形成了一个独立种群，它们生活在华盛顿国家广场附近，冬天广场很冷的时候，它们就躲在这座首都城市密密麻麻的地下建筑当中。大多数物种会努力适应气候变化，但是在城市中较温暖的地方，喜热且居住在城市的物种在气候变化之前就会纷纷向北迁移。

埃及伊蚊正沿着城市廊道浩浩荡荡地向北迁移出热带地区，甚至还能挨过冬季，这将对美国大部分地区以及世界其他地方的人们带来致命的威胁。虽然黄热病毒和登革病毒的生存条件与蚊子有些许不同，但是一旦蚊子生存下来，这两种病毒也就更容易站稳脚跟了。科学家们根据他们对埃及伊蚊的生物学特征的研究进行预测，他们认为在未来几十年内，美国东部大部分地区将面临这种蚊子带来的威胁以及登革热流行病暴发的风险。至于他们是否也会面对黄热病的威胁，将取决于登革病毒和黄热病毒（通过人类免疫系统）之间相互作用的复杂程度、埃及伊蚊的分布和数量、引入美国的另一种白纹伊蚊的分布和数量（埃及伊蚊的竞争物种），以及黄热病毒分布区中其他哺乳动物物种的分布。我们可以确定的是美国南部大部分地区将面临与伊蚊有关的新问题，包括登革病毒和黄热病毒的双重困境，以及奇昆古尼亚病毒、寨卡病毒和马雅罗病毒。但更应该注意的是，人类行踪遍布世界各地，造成全球气候变化，因此人类成了能在每一个地区生存的寄生虫的帮凶，并影响到了这些寄生虫在其基础生态位中的迁移方式。

从表面来看，预测寄生虫未来的命运面临的挑战与预测鸟类、哺乳动物和树木的命运面临的挑战十分相似。而实际上，预测寄生虫的命运还面临额外的挑战，因为它们的生命周期往往比以上物种更复杂。此外，人们在寄生虫领域的研究空白往往比脊椎动物或植物更多（部分要归咎于人类中心主义法则）。因此，如果对每种寄生虫进行个例研究，很容易被细枝末节和未知数量的寄生虫弄得焦头烂额。除了极少数数据，大部分关于不同寄生虫物种分布的数据表述都非常糟糕。我和一位同事最近的研究成果表明，尽管影响人类的寄生虫比鸟类少得多，但是我们对于常见的人类寄生虫地理分布的了解却还不如对鸟类物种哪怕是非常稀有的莺类的地理分布的了解更加深入。[18] 面对这一事实，科学家们更喜欢研究对人类最具危害的寄生虫。例如，我们对疟疾的传播地点了解较多，对登革热的蔓延趋势也同样足够了解，但大多数物种都被忽略了。可别忘了，将要迁移的寄生虫不仅有人类寄生虫，还有作物和家畜寄生虫。想要预测未来的寄生虫进化，任务更加艰巨，希望也更渺茫。好在我们还有一个好用的经验法则。

结合人类行为发生的不同情境，气候科学家在预测不同地区未来气候方面的工作进展也越来越好。因此，我们可以以一个大家感兴趣的地区为例——例如纽约或迈阿密。我们可以研究该地区未来的气候，然后为目前有类似气候的其他地区绘制地图。通过找出这些类似气候地区的寄生虫物种，我们可以合理地推测出未来可能在纽约或迈阿密出现的部分物种。这就是寻找寄生虫生存的姊妹城市的方法。

通过研究寄生虫的姊妹城市，我们可以预测未来在不同气候情景下，最有可能在城市生存下来的寄生虫。每个气候情景都反映了一系列的人类行为以及气候对这些行为做出的反应，气候科学家根据这些不同的情景，就像城市规划师那样进行预测建模。虽然气候科学家不是预测人类行为方面的专家，但经过磨炼，他们已经有能力推断出不同情境下的人类的不同行为会引起的气候变化，每个情景都描述了一系列的人类行为、其行为引起的温室气体的排放以及由此而导致的气候变化，这些情景本身并没有具体告诉我们应该做什么，它们只是阐明了人类各种集体行为会产生的结果。

无论在减少多少温室气体排放才能将气候变化的程度降至最低这一问题上，还是在对于全球范围内人类集体行为的乐观程度方面，气候情景都存在着差异。假如我们尽可能地改变行为方式以减少温室气体排放，那么未来气候情景会更为乐观。一些气候情景终将无法实现，因为我们始终无法满足其必要条件，RCP2.6 是我们能够实现的最乐观的气候情景模式。为了创建这种情景模式，到 2020 年（即本书英文版出版的前一年）我们应该要减少导致气候变化的罪魁祸首即温室气体的全球排放量。到 2020 年，我们的温室气体排放量应该要减少 7.6%，并且在接下来的每一年保持这个成绩到 2100 年，届时人类的温室气体排放量需要达到零并一直保持零排放。没错，“零排放量”。由此可见，RCP2.6 模式很难实现。

第二种情景模式是 RCP4.5，实现这种模式的希望也不大，但是仍然需要我们立即行动，彻底改变现状。在这种情景模式下，尽管地球上的人口预计还会增加，但是2050年之前我们需要保持温室气体排放量零增长。换句话说，若维持全球温室气体总排放量不变，个人单位温室气体排放量必须大幅减少。要实现这一情景，我们需要迅速转型，开发利用可再生能源、远离肉食、控制全球生育率等。如果每个人在日常饮食、旅行、交通、供暖制冷等方面的生活方式都与十年前大不相同，那么不太可能达到这种模式的要求。RCP4.5模式需要我们进行彻底的改变，但仍然会导致全球气温升高约2°C。

第三种情景模式是RCP8.5。在这种情景下，我们一切照旧，继续使用化石燃料，而截至2100年全球气温将升高4°C。据我所知，那些研究气候变化的人们已经在自己的日常生活中为实现RCP8.5情景做准备了。在工作中，他们撰写文章介绍RCP2.6模式以及实现这一情景的途径。闲暇在家时，他们努力在自己的社区实施RCP2.6情景模式。但是当他们结束一天的工作，坐在沙发上时，便不由担忧人类可能会走上RCP8.5情景模式这条路。他们会在网上查看加拿大或瑞典等地的房产，跟房地产经纪人攀谈，提出诸如“这里有常年活水吗”之类的问题。他们和合作伙伴聊天，讨论哪些国家的治理稳定且不会出现疟疾。拥有了足够的内幕消息和可支配收入，他们提前做好了逃离的准备。说到这里，我又想起了方舟的故事。诺亚得知大洪水将席卷地球，他想要把消息告知所有他认识的人，但是却没有人相信他。

2014年，政府间气候变化专门委员会（IPCC）提出了许多相关情景，这三种情景都在其中。IPCC提出来一系列情景模式，而没有进行一个具体的预测，究其原因，不仅仅因为这种系列模式有助于我们做出明确的选择，还因为预测温室气体排放对气候的影响要比预测人类集体的选择和行为容易得多（此后IPCC又提出了一组新的情景模式，它们对人类行为的假设略有不同，这些模式有新的名称，内容也不同，但做出的情景预测与我上面列出的十分相似）。气候科学家也无法推断我们是会选择保持一如既往的模式（RCP8.5），还是会从根本上重新规划我们的生活方式（RCP4.5）。我们会做出什么样的选择，取决于我们会做出多少改变以及气候改变了我们多少。

正是基于这些情景，几年前我的同事马特·菲茨帕特里克（Matt Fitzpatrick）研发了一个工具，它可以让人们看到在 RCP4.5 情景和 RCP8.5 情景下其所在的城市在未来（差不多是 2080 年）将与北美的哪个城市最相似。虽然马特不管它叫“寄生虫姊妹城市”研究方法，但他不介意我这么叫它——至少我希望他不介意。

马特重点研究了 RCP4.5 和 RCP8.5 情景，图 4.3 从马特的研究角度展示了几个城市的未来景象。在图中，以每个城市为起点的线条连接了当前气候下的该城市和目前与该城市在 2080 年的气候最相似的地方。图 4.3 上图显示 RCP4.5 情景下的景象，下图显示 RCP8.5 情景下的景象。

地图上这些线条给我们提供了一个非常直接的方法来估算未来的寄生虫分布。以佛罗里达州的迈阿密为例，在 RCP4.5 情景下，迈阿密的气候与墨西哥的亚热带地区相似，十分炎热，季节性潮湿；而在 RCP8.5 情景下，那里的气候更像墨西哥的热带地区，或者说至少迈阿密那些远海的地区更像墨西哥的热带地区。

未来的迈阿密和墨西哥部分地区之间气候的成功匹配告诉我们：在未来，迈阿密将成为大多数生活在墨西哥亚热带地区（RCP4.5 情景）或墨西哥热带地区（RCP8.5 情景）物种的基础生态位。这会影响到未来可能在迈阿密出现的野生动物——比如猴子和美洲虎——现在

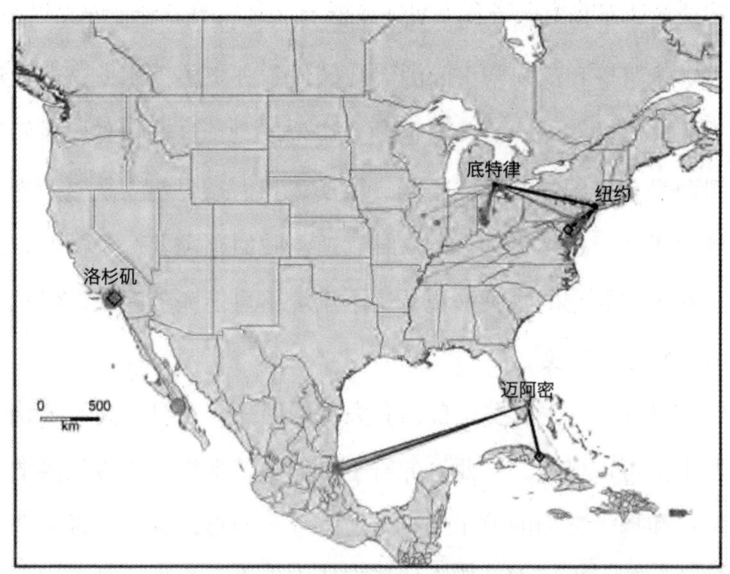

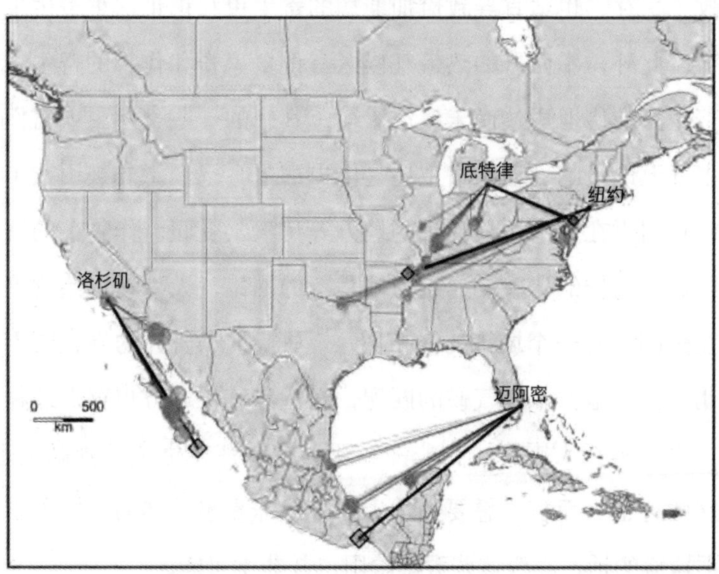

图 4.3 在 RCP4.5（上图）和 RCP8.5（下图）情景下与未来气候最匹配的“寄生虫姊妹城市”。不同的线表示不同气候模型的匹配结果。线尾的形状越小，匹配程度越高；线尾的形状越大，匹配程度越低。读者可以在该地图的在线版本中选择美国的任何城市，并为其绘制未来图。菱形和黑线显示了所有模型的平均匹配结果。

生活在墨西哥生境的猴子和美洲虎的物种将会迁移到迈阿密。

即使墨西哥和迈阿密之间的大片区域十分炎热干燥，这些物种也必须克服一路的艰辛，寻找自己的生态位。对于这些物种，我们不需要在墨西哥和美国之间建立阻隔。相反，我们需要建立从墨西哥一直通往佛罗里达，甚至更远处的森林廊道。我们还需要一个类似方舟的生境；对于需要它的物种来说，这个生境不可能完美无缺，但我们必须努力做到尽善尽美。

与此同时，寄生虫发现自己有大批的船只、飞机、高速公路和其他交通工具可以借用。墨西哥的寄生虫很多，那里的热带气候适宜疟疾寄生虫和携带它们的蚊子生存，适宜登革病毒、黄热病毒和携带它们的蚊子生存，也适宜导致恰加斯病的寄生虫和携带这种寄生虫的昆虫生存。此外，墨西哥的热带气候区有许多家畜和作物的寄生虫，而这些寄生虫在佛罗里达尚未广泛繁衍。其中的一些寄生虫或它们需要的宿主（无论是哺乳动物宿主还是昆虫宿主）已经意外被引入了佛罗里达，它们正在这个州最温暖的地方等待天气变暖。作物上的寄生虫也可以进行同样的比较。通过访问马特的网站，人们可以绘制这些寄生虫在美国的每一个城市的分布图。[19] 马特重点研究的是美国不同地区和北美其他地方未来气候的匹配，而世界其他地方也存在这种匹配关系。迈阿密在未来将成为非洲和亚洲的一些寄生虫的基础生态位，但对这些寄生虫而言，想要到达迈阿密绝非易事。然而，如果它们不想重蹈覆辙的话，克服这些艰难险阻也并非不可能。

关于躲避法则，最大的问题在于人们在拥有逃脱的机会时却不重视它。地球上的大多数人生活和种植作物的地方无法避开大多数热带寄生虫。但如果你住在迈阿密，你就逃离了许多危及我们生命的宿敌。

而这些寄生虫产生的危害似乎离我们很遥远，而且我们既看不到也摸不到。随着全球变暖，海平面上升，地球上部分地区会被淹没。我们很难说服人们为尚未出现的寄生虫做好预防措施，况且这些寄生虫是否会在他们的有生之年出现还是个未知数。要让他们相信自己需要在寄生虫大迁移之前做好预防准备几乎是不可能的，因为这些预防工作既枯燥又琐碎。但是，我们依然可以未雨绸缪，提前准备只需要以下几个简单的步骤。

我们可以采取的第一步就是拖延，为阻止寄生虫大军来袭所做的任何努力都是值得的。尽管阻止寄生虫入侵很难，也要比控制已经袭来的寄生虫要容易得多。我们需要监测危害性最大的寄生虫的昆虫载体，也应该动员公众参与监测。我们还需要建立健全的公共卫生监测系统来监测寄生虫，此项工作正在推进，但是力度远远不够。例如，在美国的大部分地区，一种新的蚊子从引入本地到被人类发现通常会花费 10 年的时间。当我们注意到它时，说明这种蚊子已经变得很常见了，而那就为时已晚了。

同时，我们的公共卫生系统也需要做好应对新型寄生虫的准备。当迈克·加文、尼耶玛·哈里斯、乔纳森·戴维斯和我对世界各地寄生虫引起的疾病多样性进行建模时，我们得出了两个关键结论。第一个正如我已经提到的，炎热和潮湿环境下的寄生虫种类最多，当地的气候环境可以准确地预测当地疾病的多样性。人类在疾病防控上耗资巨大，因此难免心存希望：我们或许已经改变了自古至今气候与疾病之间的必然联系。但事实上，我们并没有，这实在让我们颜面无存。在炎热潮湿的地方，寄生虫引起的疾病会更多，但是还有第二个结论。气候因素并不是影响最严重流行疾病的受感染人群比例的唯一因素，而搭建气候和公共卫生支出相结合的模型才能更好地对此现象做出解释。换句话说，公共卫生支出通常无法消灭寄生虫物种，但可以减少它们的数量，农业寄生虫和害虫似乎也有类似的情况。未来将变得更具有热带气候特征的国家和州应该开始投资基础设施，以控制涌入的移民数量。

当然，另一种选择是再次尝试躲避法则。正如一些人所说，我们可以占领月球或火星。作为一名生态学家，在我看来，既然在地球上我们都要努力避免破坏地球上已经在运转的生态系统，我们也不太可能在其他星球上设计出全新的、能可持续管理的生态系统。但仅仅是为了讨论一下的话，我们也许可以占据月球或火星；让我们想象一下埃隆·马斯克（Elon Musk）在火星上有一所避暑别墅，门口有一个漂亮（但密封）的门廊；想象一下温室里面满是美味至极的植物；想象一下在我们自己的星球上，我们喜欢的东西，被复制成某种更简单的形状；想象一个没有任何寄生虫的定居点。在这种情况下，我们可以再次逃脱。或者更确切地说，少数富人可能再次逃脱。但如果要说我们从过去的经历中学到了什么，那就是这种逃脱方式也是暂时的，无法一劳永逸。打个比方，最近，研究人员在由国际空间站宇航员照顾的花园中发现了植物寄生虫，由此可见，植物寄生虫已经传播到太空中了。[20]

第五章　人类生态位

地球上的大多数物种都需要随着气候变化而进行迁移，以便找到适宜自己繁衍生息的环境。需要进行迁移以生存下来的物种包括稀有鸟类、蜗牛和寄生虫等。这些我在之前的章节中已经提到过很多次，不过我没有说过，这其中也包括人类。我们惊讶地发现，在某些方面人类居住的气候和环境的多样性会在迁移的过程中变得更加复杂。人类的生态位貌似很宽阔。在农业文明出现之前，人类已经成功地在苔原、沼泽、沙漠和雨林中定居下来。通过发明创新，现代人类拥有的生物群系种类和生存环境远超任何古代人类。当近距离观察人类个体及其所处的社会时，最能吸引我们注意力的就是人类的发明创新，其中包括人类使用火和穿衣服来取暖、使用灌溉系统运水浇田，以及建造供暖和降温设施；此外还包括人类独有的适应某些特定环境的生活方式。

生活在极端环境中的牧民学会了带着牲畜进行季节性迁移；遥远的北极地区人民生存的诀窍是要对其周围的动植物了如指掌，掌握高超的建筑技术，进行季节性迁移和储存大量的食物。现代科学技术的发展使短期太空移民成为可能。此时此刻，宇航员很可能正在我们头顶上的太空里吃早餐、睡觉或是读书呢。

但是，如果我们站在宏观角度观察人类整体，不是考虑哪里宜居，而是考虑大量、密集的人口能够在哪里生存繁衍，那么情况就完全不同了。

从整体的角度看，人类发明创新的重要性显得微乎其微了，反而是人体的生理极限变得更加明显。例如，最近，中国南京大学的徐驰联合来自奥尔胡斯大学、埃克塞特大学和瓦赫宁根大学的学者根据地球各地人类人口密度的数据对古代和现代人类的生态位进行了测量。如果想衡量哪些条件有利于人类生存，第一步应该先考虑人口密度。[1]

徐驰和他的同事绘制了地球上陆地在不同气候区的相对占比，揭示了至少在地球某些地区存在着多种温度和降水量的组合类型，有的极其寒冷干燥，有的极其炎热潮湿。这同时也表明一些气候比其他气候更为普遍，也许也远超我们的想象。地球上大部分陆地地区要么像最偏远的苔原一样寒冷干燥，要么像撒哈拉沙漠一样炎热干燥。徐驰团队随后抽检了环境条件中的子集，正是这些环境条件使得高密度人口可以生存下来。他们采用的方法与生态学家（包括徐驰的项目合作者）用于研究非人类动物，如蜜蜂、海狸或是蝙蝠生态位的方法相同。

徐驰及其团队根据最近在线数据库中的各种考古数据，首先对时间相对久远的6000年前人类生态位进行了研究。6000年前，全球人口中从事狩猎采集人口的比例比现在的比例高很多。在对远古人类进行研究后，徐驰和同事发现远古人类生活的气候环境类型多样，但并非所有气候条件下都有人类居住。这一点可以在图5.1第一行中间的图片中有所体现。图中最亮的白色区域表示6000年前人类人口密度最大时期的气候条件。不难发现，在远古时期极度寒冷、炎热或潮湿的环境中，人口密度非常低；在一些比较热、比较干燥的地方，人口密

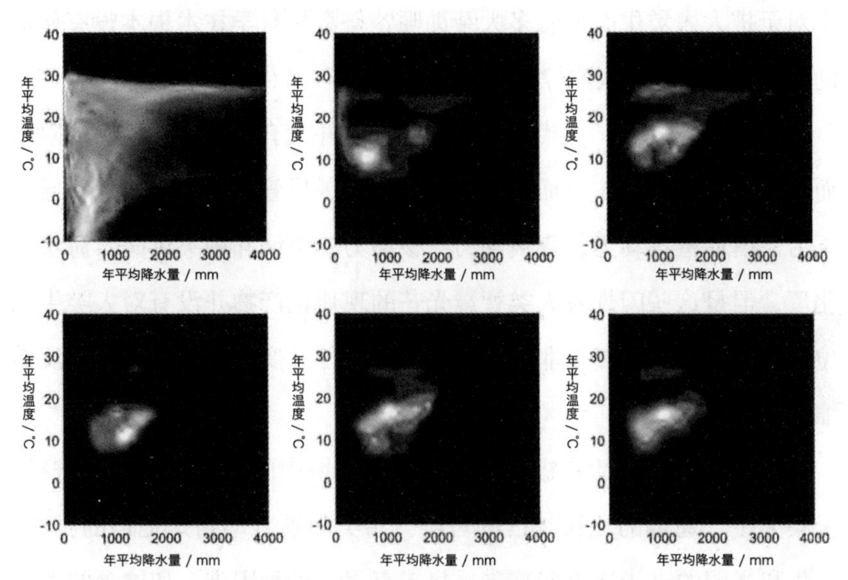

图 5.1 不同气候条件下的土地面积（左上）、6000 年前不同气候条件下的人口数量（上中）、当前不同气候条件下的人口数量（右上）、气候与国内生产总值的函数关系（左下），作物产量（中下）和畜牧业生产量（右下）与气候的函数关系。在左上图中，较亮的白色区域对应地球上分布更广的气候条件；在上中图和右上图中，阴影部分对应人口密度；最亮的白色区域对应人口高密度区域，密度最大值为 90%；后面较浅的颜色对应人口密度最大值为 80% 的区域，以此类推。在第二行的三张图中，最亮的白色区域表示在此种气候条件下，GDP、作物产量和畜牧业生产量最大值达到了 90%。此图由徐驰和劳伦・尼科尔斯为本书制作。

度相对较大；气温温和、相对干燥的地方人口密度最大。从人口密度的角度看，远古时期人类生存的“理想”年平均气温似乎一直在 13℃左右，大致相当于美国旧金山或意大利佛罗伦萨的年平均气温。他们生存环境的理想降水量是每年 1000 毫米左右，比旧金山潮湿，但与佛罗伦萨差不多。在还没有空调或中央供暖的远古时代，人类就是在这种宜人的气候条件下生活并繁衍生息的。

在从远古时代向现代时代转变的过程中，人类的创新能力也在不断提高，人类社会的科学技术也越来越先进。但是问题在于，科学技术对于扩大人类生态位有多大帮助呢？答案是科学技术根本没有任何的帮助，这的确令人吃惊。

6000年过去了，人类在地球上的分布并没有突破气候条件的限制而分布得更加均匀，反而是变得更加集中。尽管我们的发明创新层出不穷，诸如蒸汽动力、煤炭动力、核动力、空调和中央供暖、海水淡化厂，但是这些闪烁着人类智慧光芒的现代化产物并没有对人类生态位造成多大影响。如果非说人类生态位有什么变化的话，那就是反而缩小了。

6000年前，生活在极度寒冷、干燥环境中的人们倾向于以狩猎、采集为生，遥远的北极地区的鱼类、鸟类和哺乳动物是他们的猎物。文化和文明的进步让这些狩猎采集者克服了种种困难，如饮食的季节性问题（他们发酵食物以便于保存）、极端寒冷的天气（他们自我隔离，拥有常人没有的忍耐力）和路途遥远（在某些地方，他们开始依赖雪橇犬），繁衍生息、茁壮成长。同样在6000年前，牧民找到了在炎热干燥的地方生存的方法。他们以自己放牧的牲畜为生（吃动物的肉，喝动物的奶，利用动物的皮肉），进行季节性迁移，穿着衣服和修建房子居住以适应不断变化的气温，他们所做的也只是把忍受常人难以忍受之痛变成了习惯。

如今，许多这种曾经有人居住过的极端地区几乎无人居住，或者人口密度很低，这里的情况无法再作为全球大部分人口生存状态的典型。比方说，现在生活在撒哈拉最热的地区的人口与6000年前相比少了很多，[2] 而且他们在目前全球人口中所占的比例也很少。同样，部分苔原地区现有的人口密度也比6000年前要低。通过大量的研究，徐驰和他的团队认为，人类现代社会的发明创新并没有扩大人类的生态位，而且无法超越6000年前祖先们取得的成就，这一点人们有目共睹。因此人们面临一个大难题，因为在未来几年，地球的气候将变得更加极端。几乎所有地区都会变暖，一些地区将变得更加干燥，另一些地区也会变得愈加潮湿。既然我们迎接的将是更极端的未来，那么当务之急就是要弄清楚为什么极端气候是人类面临的首要威胁。

为什么即使我们大部分时间待在可调节气温的室内，极端气候还是会对人类产生负面影响呢？这个问题非常重要，但它还没有引起生态学家或人类学家的足够重视。有意思的是，经济学家却深谙此道。许多年前，包括所罗门·项（Solomon Hsiang）和他的搭档还有导师在内的一小群气候变化经济学家，开始研究气候对人类社会两个方面产生的影响。首先是各国的国内生产总值，这是意料之中的。其次是暴力。我个人会首先考虑暴力，因为气候和暴力之间的联系比气候和国内生产总值之间的联系更直接。

在所罗门·项还在读研究生的时候，他并不是非常迫切地想研究气候对经济的影响这一课题。在某种程度上，这是历史遗留问题。在20世纪50年代和60年代，人类学领域反对一种叫作环境决定论的观点。很快其他人文主义领域包括经济学也纷纷效仿。环境决定论认为人类社会像蚂蚁社会一样，会受到环境的影响。在某种程度上，人类学者对强化种族主义和殖民意识形态的决定论做出的反应合情合理。然而，所罗门·项认为人类仍然会对生物和物质世界做出反应。据他自己说，他太年轻了，对这段历史一无所知。他只是对气候、经济和人类感兴趣，所以他在哥伦比亚大学读研究生时开始研究这些。

所罗门·项读博士时发表了一系列关于气旋对经济影响的论文，随后，他作为博士后研究员前往普林斯顿大学，并开始对气候变化和社会进行更广泛的研究，并在担任普林斯顿大学博士后研究员期间在《科学》杂志上发表了一篇综合性论文。[3]这篇论文是所罗门·项与当时在加州大学伯克利分校的经济学家马歇尔·伯克（Marshall Burke）和爱德华·米格尔（Edward Miguel）合作完成的。用他们的话说，这篇论文是对气候和人类社会的“第一次全面综合分析”。这是一个关于统计数据的综合性分析，统计数据是他们观察人类的放大镜。前人已经探究了气温变化与个体社会之间的联系，但没有对此进行全面的分析。项、伯克和米格尔努力将这些成果整合起来，研究分析，洞悉全貌。

项的团队对徐驰团队的研究方法加以补充，并有所创新。徐驰的研究重点是在特定的时间段里人口密度与气候在空间上的关系，而项的研究重点是在不同的时间段里，人类社会与气候在空间上的特定时间点之间的关系。

项、伯克和米格尔发现，在面临气候的快速变化，尤其是相对于最有可能出现大量人口的气候条件时，人类社会几乎总是会深受其害。在气候变化导致人类的生存环境比人类生态位限制的环境条件更为极端恶劣的情况下，人类遭受的灾难尤其明显，而且无论是从时间还是地理环境来看，这种灾难都有一个共同的元素：暴力。

总体而言，涉及人类生态位的气候变化，特别是气温的升高（以及更罕见的气温降低）都会增加人们的暴力倾向。在气候发生变化时，人们更有可能对自己实施暴力行为，自杀案例和自杀倾向都随着气温升高而增加。同时，人们对其他人施暴的可能性也在增加。在美国，家庭暴力事件和强奸案发生率伴随着气温的升高而上升。个人对群体的暴力行为也随着温度的升高而增加。比如（由于气温上升）棒球投手会对另一支球队成员进行报复，个别警察会对公众施加暴力，[4]还有人群之间的暴力行为等，诸如此类。所罗门·项团队研究发现，印度的群体骚乱随着气温升高而增加，东非的政治群体暴力行为以及巴西的群体暴力行为均是如此，类似的事件还在世界各地层出不穷。重要的是，除此之外，气温升高还会导致诸如战争和社会暴力事件数量增加，这一点无论是在古代玛雅帝国、古代吴哥帝国、中国历代王朝，还是现代城市、州或国家都得到了印证。

项、伯克和米格尔发现，由气温变化和降水变化引起的暴力行为，究其根源在于人类生态位的条件发生了变化。人类现实生活条件与理想生态位的生存条件相差越大，人们遭受的痛苦就越多，也会变得越暴力。假设这样一张世界地图，上面标明了由徐驰测量的人类生态位的边缘地区。现在，把气候变化图再叠加在该地图上。所罗门·项等人的研究表明，在目前地理区域的边缘地带，暴力行为可能最为普遍，甚至还在继续恶化。我意识到了这一点，因此请求徐驰制作这样一张地图，他照办了。在他的地图上可以清楚地看到，全球暴力行为（至少是人群之间发生的暴力行为）高发区比例极不均衡地集中在了两组气候条件下：一个是极端炎热的地区（并且通常会越来越热），另一个是在炎热和相对干燥的地区，那里在丰年有足够的降雨保证农业发展，而歉年缺乏雨水。第一组气候区包括巴基斯坦的部分地区，后一组气候区则包括缅甸北部、印巴边境以及莫桑比克、索马里、埃塞俄比亚、苏丹、尼日尔、尼日利亚、马里和布基纳法索的部分地区，所有这些地区都在经历暴力浪潮。

随着环境变化，特别是温度升高，与理想的人类生态位背道而驰，很多问题日积月累终会导致项、伯克和米格尔在研究中发现的暴力案例，如今这种暴力事件在世界各地随处可见。据推测，随着温度升高，人类身体受到的影响就会严重影响大脑，这可能会导致人类决策能力受损，特别是导致控制冲动的能力受损。即使平均气温没有那么高，但是只要每天最高气温足够高，就会对人脑的决策能力产生影响。有些人认为，温度变化给身体带来的压力可能会使人丧失理性。大脑中原有的部分受控于“蜥蜴脑”不理性机制，会激发恐惧、愤怒和冲动等情绪，这引起了种种化学反应，继而产生了一系列严重后果。即使是相对凉爽的地区，只要天气炎热，人们就有可能发生这种行为。而在炎热的地区，这种行为有可能会持续好几天。

心理学家做了一项实验，他们开车到交通信号灯前，从红灯等到绿灯，始终不踩油门。他们想知道，在不同的情况下，后面的人可以忍耐多久才疯狂按喇叭。天气越热，他们听到的喇叭声就越多。气温与喇叭声之间的关系是线性的。若后面的司机打开车窗，感受到扑面而来的室外高温热浪侵袭，这种线性关系就更加明显了。温度越高，人们按喇叭的时间越长。正如该实验的研究人员所说：“温度超过100°F（约37.8°C）时，本实验中有34%的受试者在绿灯亮起后一半的时间都在按喇叭。相比之下，温度低于90°F（约32.2°C）时没有受试者这样做。”令人惊奇的是，尽管这个实验是在枪支泛滥的美国进行的，却没有一个心理学家挨枪子。[5]

在另一项研究中，要求一组实验对象待在一个房间里，然后房间的温度被调至令人非常不适的高温。随着室温升高，实验对象之间的争执开始增多。经过反复实验，结果都非常相似。温度越高，人们的争论和攻击行为就会越多。曾经在一个案例中，一个实验对象甚至试图用刀刺伤另一个实验对象。其他研究也发现，至少在某些情况下，随着温度升高，人的认知控制能力（即有意识地做决定的能力）会下降。[6]

类似的行为还包括对他人财产的暴力行为，即恶意破坏他人财产的行为。斯德哥尔摩大学的英格维尔德·阿尔马斯（Ingvild Almås）及其团队进行了一项实验，所罗门·项和爱德华·米格尔也参与其中。他们选择了来自加利福尼亚州伯克利和肯尼亚内罗毕的实验参与者进行偏好测试，并且参与一个在线角色扮演游戏（游戏的目的在于研究人类行为）。在角色扮演游戏中，个人可以与他人公平（或非公平）竞争、建立合作（或不合作）关系以及信任他人（或不信任他人）。此外，在名为《毁灭之乐》的游戏中，玩家可以选择摧毁其他玩家的游戏奖励。这种做法并不会给破坏方带来任何好处，但却会对被攻击方造成破坏。这种行为正是我们说的“恶意”。阿尔马斯及其团队将测试分为 144 个环节，每个环节有 12 名参与者。在每一阶段，有一半参与者需要在 22°C 的相对舒适的温度下玩游戏，然而，另一半参与者需要在 30°C 的特定温度下玩游戏。这个温度会让人不适，但并不危害身体。他们想知道在更高的温度下，人们公平竞争、建立合作和信任他人的倾向是否会下降，是否会产生更多的恶意行为。

阿尔马斯及其团队发现人们在较高温度下做的大多数经济决策与在较低温度下做的决策相似。温度本身并没有对个人公平、信任或合作的倾向产生影响，也没有影响人类简单的认知判断能力。然而，在内罗毕的实验中，高温条件下人们恶意毁坏他人财物的倾向要比平常高出 50%，在伯克利却并非如此。换句话说，温度有时似乎会使人们针对财产的暴力行为或者至少是恶意的虚拟暴力行为增多。

然而还不止这些。阿尔马斯及其团队在内罗毕进行实验时，碰巧遇到一件事。在最近的一场选举中基库尤族（肯尼亚人口最多的民族）占得上风，而卢奥族处于劣势。这一劣势影响了游戏测试的结果。来自卢奥族的实验参与者会更有可能在游戏中破坏他人财产。如果排除卢奥族群体因素，温度并没有影响人们破坏虚拟财产的倾向。简而言之，由于气温对心理状态和身体不适产生影响，导致人们针对财产的暴力行为增多，但这种情况只在两个群体之间存在权力强弱和敌对情绪时才会发生。[7]

除了温度上升带来的心理影响，另一种针对这种现象的解释视角更为独特：这种现象与温度影响物流的方式有关。尽管整个世界看起来已经很先进了，但许多艰辛的任务仍然是依靠人力来完成的。人们亲自采摘水果、装载卡车、杀猪宰鸡，所以全球经济仍然依赖人的体力劳动。全球 50% 的农业生产依赖小农场主的工作，他们大部分的工作都是在户外亲手完成的。总的来说，人类的身体，人类用以劳作的四肢，都是直接受温度影响的。经济学家通过研究人们每分钟产生的劳动量与温度的函数关系来衡量这种影响的大小。当气温超过最适宜人类工作的温度时，人们每分钟提供的平均劳动量就会下降，而劳动力供给下降产生影响会波及整个社会。世界经济和地方社会的正常运行同样依赖人的身体和头脑，它们取决于人们是否愿意擦去脸上的汗水继续工作，还是拿起武器，发动战争。在某种程度上，正如所罗门·项及其团队在论文中所说的，人们“参与暴力冲突的倾向”的上升趋势远超“进行正常经济活动的思想观念”。

在宜人的气温条件下，数十亿看不见的四肢劳作陪伴着我们度过每一天。但随着气温的上升，这些肢体的动作会变慢，直到达到某个最大值，它们就无法劳作了。在较贫穷的国家，温度对人类身体工作的影响往往更大，因为在那些国家，室内工作更少，即使是在室内工作也不太可能配有空调。不难想象，不断上升的气温会加大人工劳作的难度，一旦超过某个临界温度，人们就不得不完全停止劳动。

温度还会影响到社会的另一个方面："治安工作"。这里说的"治安工作"与我们日常的认知不同，不仅仅是那些穿着制服的警察的职责，它与执行社会规则的人在户外工作的能力有关。天气太热时警察不会出去开交通罚单，因此很多人会超速驾驶；天气太热时食品安全检查员也会很少外出工作。升温导致治安水平下降，与此同时，税基下降导致政府资金枯竭，社会问题往往会成倍增加，这是因为当治安水平下降，所有之前一度被解决的问题又都一股脑儿地冒了出来。

气温上升或其他气候变化将人类生态位推向极限的最后一种方式不是直接影响人类，而是影响我们所依赖的物种。人类的生存依赖成千上万的物种，尤其依赖一小部分作物和家畜。这一问题我将在第八章中详细讨论。徐驰团队的研究表明，人类生态位的界限部分反映了庄稼和家畜生存的自然环境，而当环境太冷、太热或太热、太湿时，它们就无法繁衍生息。

我们可以在图 5.1 中看到，当代人类生态位与当代作物和家畜的生态位非常匹配，高温下尤是如此。一旦年平均气温超过 20°C，人类大部分主要作物的产量就会下降，人口的密度也是如此。也就是说，徐驰团队绘制现代人口分布图时考虑的不是人类生态位，而是农业人口生态位。因为当今世界中，人类这种高密度种群只有在农业环境下才可能生存下来，所以高密度生活生态位和农业生态位现如今基本上是同义词。但 6000 年前它们并不是同义词，部分原因在于尽管狩猎、采集者和牧民人口密度较低，但他们在全球总人口中所占的比例更大。

研究表明，在同时具备高温和低降雨量条件的地方，气候变化对作物和家畜的影响最大（尽管降雨量过多也会有此影响）。一旦作物歉收，就会出现粮食短缺，各种不稳定局面和暴力事件也会出现。在某些情况下，社会动荡的局面和暴力事件会在受气候变化影响最严重的国家内集中出现。此外，在人类生态位边缘地区，气候因素导致作物歉收，由此爆发的暴力事件不仅影响到本国，甚至波及周围更多的地区。2010 年，俄罗斯的高温天气对俄罗斯农业造成较大影响，导致全球食品价格上涨，食品价格上涨可能导致大规模移民。而当人口迁移到以农业经济为主的城市时，其影响可能是双重的，饥饿的农村人和饥饿的城市人在城市相遇。这一连串事件看起来联系不大，实际上环环相扣。气温升高会影响作物，进而影响农民的生计，从而引发人口向城市迁移，而后导致社会不稳定。最后，社会不稳定致使政府垮台。

如果徐驰团队提出的气候条件限制了现代生态位尤其是现代农业人口生态位的观点是正确的，如果所罗门·项、马歇尔·伯克和爱德华·米格尔关于偏离生态位的影响的观点是正确的，那么由此推测，在经济学家每年乐此不疲地为世界各地的经济体制作的各种衡量数据中，我们应该可以看到每年温度变化的影响。例如，人们应该能够看到气温上升对各国 GDP 的影响（GDP 是衡量一年中生产的商品和服务价值的指标）。如果徐驰和项是正确的，那么随着气温（或其他条件）接近人类生态位的最佳气温，各国的 GDP 应该会上升；然后，随着气温超过或低于最优值，GDP 就会下降，其原因与暴力增加的原因相同。这种 GDP 下降甚至可能是一个报警信号，预示着更大的危险还在后头。

很长时间以来无人核实过这一推测。因此，项、伯克和米格尔重新召集他们的团队来收集必要的数据，然后研究了各个国家每年的气温变化对本国的 GDP 产生的影响，他们得出的结果与徐驰的结果完全一致。正如徐驰所说，项、伯克和米格尔确定了 13°C 左右是经济产出的最佳年平均气温。他们发现当气温低于人类生态位的最佳气温时，气温上升会促进 GDP 的持续增长。想想丹麦、苏格兰或加拿大，如果某年气温高于平均水平，人们户外工作的时间可能会增加，与此同时，农业产量也会提高。

相反，在年平均气温处于或高于最适宜经济产出条件的国家，气温的升高会导致 GDP 持续下降。气温上升时，美国、印度及中国的 GDP 都会下降。GDP 下降的原因有很多：庄稼歉收、天气太热以致无法在户外工作、大脑变得麻木等，同时还可能与暴力事件有直接或间接的联系。

针对这些研究结果，我们发现了一个问题：人类只是需要时间来适应新的行为、文化习俗或技术吗？也许 GDP 随气温升高而下降只是新事物遇到了冲击；如果各国有机会调整工作时间或使用新技术，生产力将会逐渐恢复。项、伯克和米格尔对此有两种思路。首先，他们比较了 1960 年至 1989 年各国的 GDP 反映与 1990 年至 2010 年各国的 GDP 反映。他们的第一直觉是，由于 1960 年以来全球气温一直在上升（事实上，全球变暖从很久以前就开始了），各国在前 29 年或许已经适应了新的（越来越暖的）气候环境，而在随后的 20 年里经济产出尚未达到最高值，所以全球变暖的负面影响没有那么明显。但他们尚未找到支撑这一推论的证据。1960 年至 1989 年，各国气温升高，超过人类生活最佳气温，这的确是个大问题，1990 年至 2010 年也面临同样的问题。这并不意味着人类缺乏适应能力，但也确实反映出即使给人类20年的时间，他们也适应不了这种气候变化。[8]

另一种解决适应问题的方法是考虑各国的相对富裕程度。有人假设富裕的国家可能会利用其财力减少气候变化带来的影响。一般情况下，富裕国家更多的工作是在室内进行的，所以温度对人体的直接影响可能会更小。例如，较富有的国家也可以利用技术来减少极端高温和降水减少造成的干旱的影响，比如建造海水淡化厂。然而，项、伯克和米格尔却没有找到证据可以证明富裕程度越高与GDP下降幅度就会越小之间存在着必然的关系，富有国家和贫穷国家一样也受到了气候变化的影响。那么事实就非常简单明了了：气温超过人类生态位温度的度数越高，人类的暴力行为就越严重，GDP就会下降；而再回到徐驰的研究，维持大量人口的可能性也会降低。

通过了解当代高密度人口生态位，我们可以考虑这个生态位在未来会发生什么变化，人类需要做些什么才能找到自己需要的生存环境，尤其是在高密度的情况下。也就是说，生态学家可以像追踪鸟类和植物一样追踪人类的活动轨迹。徐驰团队发现，在未来，适合人类繁衍生息之地会逐渐缩小，并且将向北半球以北移动，还有可能偏至南半球。理想生态位将移至北美的加拿大、斯堪的纳维亚和亚欧大陆的俄罗斯北部。与此同时，在RCP4.5气候情景下（这一情景下我们将大幅减少排放），到2080年，撒哈拉以南非洲的北部、整个亚马孙盆地以及大约一半的热带亚洲会离人类生态位的最佳状态越来越远；而在一切照旧的RCP8.5气候情景下，这些地区到2080年将不再是人类生态位。不幸的是，正是在这些地区未来几十年人口预计增长最快。因此，预计到2080年，许多人将生活在人类生态位之外。许多人现在认为RCP4.5情景（第四章介绍过）是我们在全球范围内控制温室气体排放的最佳方案。在这一情景下，未来 60 年内将会有 15 亿人生活在人类生态位之外；而在 RCP8.5 情景下，将会有 35 亿人生活在人类生态位之外。

保护生物学家已经进行了多方位的思考和探索以帮助那些必须随着气候变化而迁移的物种寻找新的家园，创造廊道和保护尽可能多的栖息地的方法并不完美，但它仍然是一种有效的方法，可以帮助成千上万甚至数十万的物种找到栖息之所。

我们需要找到一种方法，帮助数亿甚至数十亿人找到新的家园。我们需要一个宏大的全球计划，该计划不仅要考虑到需要搬迁的大量人口，还要考虑到地理因素。迄今为止，造成气候变化的绝大多数温室气体是在美国人和欧洲人的日常生活和工业中产生的。但是，这些温室气体对气候变化的影响，进而对人类的影响，很大程度上将由目前接近农业生态位极端地区的人们承担，这些人本来都是没有参与温室气体排放的人。帮助数百万家庭安家、为他们的生存和劳作建立生存通道的责任在很大程度上应该由那些引发危机的国家承担。

与此同时，人们或许还能在那些与农耕民族的生态位距离最远的地区看到希望的曙光。重新审视图 5.1，你会发现虽然主要的人类生态位非常狭窄，仅限于 6000 年前最适宜人类生存的温度和降水圈，但现代人类生态位还包括另一个气候转移区，这个气候转移区非常炎热潮湿。徐驰和他的团队在论文中指出，这个空间在很大程度上和印度的热带季风区对应，但他们并没有对这种人类生态位的特殊延伸做出解释。有一种可能是印度人已经找到了使他们的身体适应炎热天气的文明方法，也找到了土方法来应对炎热高温对他们生存的影响。在研究中，徐驰团队发现，不仅印度的气候生态位比以往任何时候都更热、更潮湿，印度农作物和家畜的气候生态位也是如此。这便是希望所在。这个例子预示着我们需要尽快找到适合所有人能够在古代人类生态位之外生存的栖息地，学习并不断丰富这些成功的经验。我们越能拓宽人类的生存空间，未来遭受的苦难就将越少。

但我们必须记住，虽然印度可能会为人类能在未来类似于今天印度的气候区生存提供一些契机，但印度气温的上升会给人类带来前所未有的挑战。在维持现状或者是更为乐观的情况下，预计到 2080 年不仅仅是印度，世界上大部分人口的气候区的温度都将高于印度最炎热的地区。[9]

第六章　乌鸦的智慧

我们预计，未来几年全球平均气温的变化足以对人类、文化、国家和数百万野生物种产生巨大影响。人类的作为和不作为都将给世界带来致命的伤害。更糟糕的是，这些常见的变化不会孤立地发生，与此同时，降水量和温度也将逐年上升。[1]“变异性”一词听起来意义模糊，毫无杀伤力。而事实恰恰相反，它是自然界最大的危险之一，是人类面临的巨大威胁。变异性令人心生恐惧，我们需要未雨绸缪。

许多野生物种（非人类物种）可以沿着生态廊道，呼吸着新鲜的空气，迁移到更适宜它们的栖息地（也就是说它们可以返回家园），以此应对一般外部环境条件的变化。科学家们还记录了一些物种为适应近期环境变化而快速进化的案例。例如，生活在克利夫兰市炎热地区的蚂蚁证明它们可以进化出比其近亲更强的耐高温能力，[2]大自然则淘汰了那些无法适应高温环境的蚂蚁。物竞天择法则有助于物种适应新的环境，生生死死，数十亿年来一直如此。

但是，当生物体可以根据某一年内发生的新变化预测下一年的情况时，它们快速适应变化的能力，比如它们的耐热能力，就变得至关重要。例如，如果未来气候越来越温暖，那么这种适应能力就能很好地发挥作用，但如果未来的气候条件多变，从温暖到酷寒，再到比以前更温暖，如此反复无常，那么这种适应能力就无法充分地发挥作用。事实上，在许多地区已经出现了这种反复无常的状况，即长期变暖趋势时不时受到罕见的极端寒冷天气的干扰。得克萨斯州部分地区出现了前所未有的高温、旱灾和火灾，随后又出现了史无前例的严寒。澳大利亚遭受了前所未有的干旱，随之而来的暴雨又淹没了整个城市。在未来，这种变异现象将更加普遍、更加极端。

对于可以适应多变环境条件的物种来说，最大的问题在于它们不得不常年苦苦挣扎在极端环境中以求生存。例如，1982 年在加拉帕戈斯群岛的达芬·梅杰岛发生的厄尔尼诺事件导致降雨持续时间延长，使得达尔文雀赖以生存的一种拥有大颗粒种子的植物物种变得稀少。同年，鸟嘴较小的中嘴地雀比鸟嘴较大的同类更有生存优势。[3] 第二年，也就是 1983 年，越来越多的中嘴地雀的鸟嘴变小了很多，这说明它们已经发生了进化。大种子的植物物种仍然很稀少，所以鸟嘴较小的地雀可以继续生存。但如果大种子植物物种能在 1984 年，也就是厄尔尼诺事件结束时繁茂生长，情况或许就会大不相同了。鸟嘴较小的中嘴地雀可能会完全不适应它们的新环境，大嘴的中嘴地雀则可能更如鱼得水。长期以来，物竞天择以这样的方式掌控物种的存亡，最终，任何一个坏年头，或者任何一个“与众不同”的年头，不但不会提高物种的适应能力，反而直接导致物种的灭绝。

那么，如何根据不同的条件进行自身调整以适应新环境呢？又有哪些物种能够适应新环境？变异性是哪些物种生态位的一部分？更为重要的是，我们能像那些物种一样适应新环境吗？对于所有动物物种来说，有一种定律能够为这些问题提供答案。这个定律就是认知缓冲定律，它的基本理论是：大脑发达的动物能够创造性地利用它们的智慧，

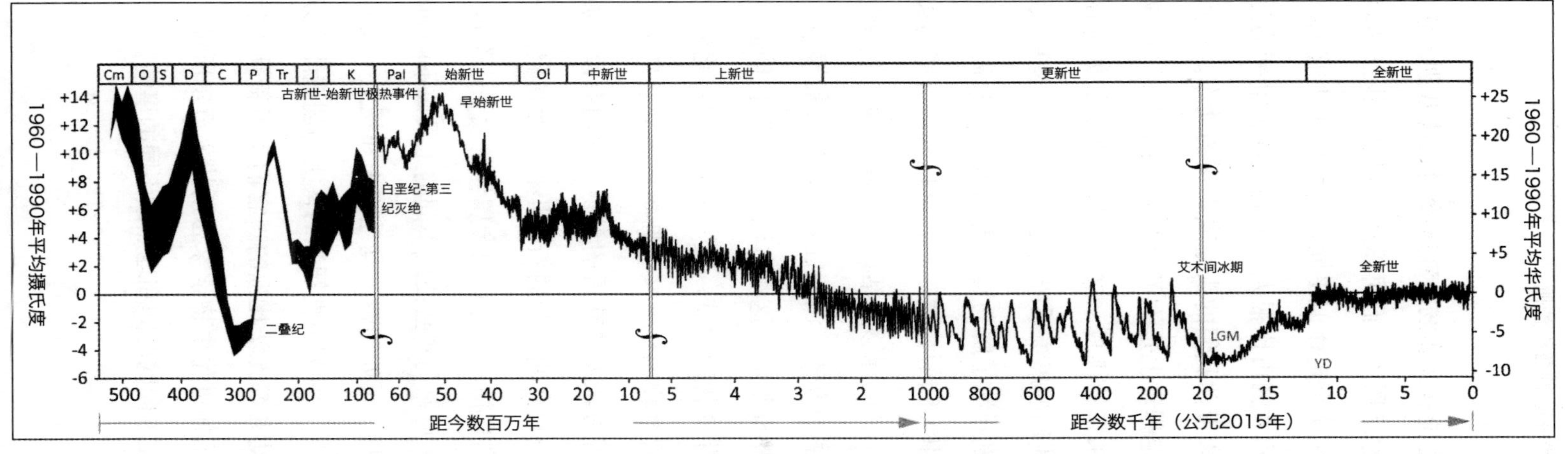

图 6.1 气候变化史是基于冰芯等相关材料推断的气候数据重建的。纵观地球的历史，气候不断发生变化。然而，当今气候变化有三个独特之处。第一是变化速度。现在地球变暖的速度远超数百万年前的任何一个时期。第二则是变暖幅度。上一次如此大幅度的气候升温现象发生在 4000 多万年前的始新世，而据预测下一个世纪人类就会面临同样幅度的气候升温现象。第三如图中最右侧所示，自从农业产生以来，人类所经历的气候异常稳定，我们的文化和制度就是在这种稳定的背景下不断发展进步。而未来气候的特征不是稳定性，而是它在季节、数年或数十年间的变异性。该图是尼尔・麦考伊对罗伯特・罗德所绘制图的修订版，罗伯特・罗德的图是以利塞基和莫林・E. 雷莫的数据为参考的。数据来源：上新世 - 更新世的 57 条全球分布的海底 d18O 记录，古海洋学 20（2005 年 1 月）：PA1003。

在食物匮乏的时候也能找到食物，在寒冷时也能找到温暖的栖息之地，在炎热时能找到阴凉之所。它们可以运用智慧减少恶劣环境所带来的伤害。从表面上看，这个定律似乎同样对我们人类有利。相对于我们的身体来说，我们的大脑占比很大，大到当我们筋疲力尽的时候，我们大脑的自身重量会带动我们的头完成点头的动作。更重要的是，大脑进化的目的在一定程度上是为了应对多变的气候。但是我们的大脑能否帮助我们应对未来的挑战，这一点取决于我们如何使用我们的大脑，取决于我们和我们的思维系统是更像乌鸦，还是更像海滨灰雀。

为了让大家能更好地了解乌鸦和海滨灰雀，我需要首先介绍一下这两种鸟类如何运用大脑的智慧应对日常挑战。有些鸟类具有（我称之为）创造性智慧，它们能够灵活改变自身行为，创造性地找到解决新问题和应对新环境的方法。创造性智慧使鸟类能够从新的挑战中学会思考新的方法，并重复运用这些方法解决难题；创造性智慧能够帮助鸟类记住它们储存食物的地点，应对不时之需；此外，创造性智慧还能使鸟类找到获取食物的新方法。新喀里多尼亚乌鸦使用独特的工具获取它们使用常规方法无法获得的食物，它们会改良加工原有的工具。在实验室里，一只名叫贝蒂的新喀里多尼亚乌鸦发现使用一根笔直的金属丝无法够到食物，于是就把金属丝弯成了一个钩子。在野外，不同种群的新喀里多尼亚乌鸦会使用不同的工具做不同的事情。[4] 乌鸦还会学习和发明东西。正如约翰·马兹卢夫和托尼·安吉尔在其《乌鸦传奇》[5] 一书中所说，有创造性智慧的鸟类的创造能力是最聪明的狗和最聪明的人类的幼儿都无法比拟的。它们采用新颖独特的方法应对新奇少见的困境。正如进化生物学家恩斯特·迈尔所说，古代人类擅长去专业化，擅长在不同的时间和地点做不同的事情。[6]

然而，创造性智慧并不是鸟类应对日常挑战的唯一武器。鸟类也可以具备专有的认知能力，能够出色地完成棘手的任务。正如作家安妮·迪拉德所说，这些物种“拥有生存必备技能”，而且具有“永不放弃”的精神[7]。鸽子就算飞离其栖息地几千英里，也能找到回家的路；秃鹫能在远离巢穴几英里外的地方发现动物尸体；鹌鹑在遇到危险时会出其不意地群起而攻之；鸬鹚知道晾干它们蓝黑色翅膀的最佳时间和方法。这些物种拥有专门的认知能力并非因为它们有创造性；它们的认知能力与大脑无关，因为这些物种通常没有进化出如遍布全身的神经系统那样高级的大脑，这些能力只与大脑最古老、最无意识的部分相连。因此，人们可以称这些为无意识或自主认知能力。

海滨灰雀就具有非凡的自主认知本领。它们生活在佛罗里达州的梅里特岛周围的沼泽地和附近的圣约翰河沿岸。数千年来，它们充分利用沼泽地的草茎筑巢，并以草茎中的昆虫为食。它们能够明确判断飞行的目的地；它们飞行、进食、交配，但是只生活在梅里特岛及其周围和圣约翰河沿岸，这些地区非常适合它们的生活方式，这是它们唯一的栖息地。总之，它们几乎完美地掌握了海滨灰雀生活必需的知识。在这方面，它们和成千上万种鸟类一般无二。

据预测，具有创造性智慧的鸟类可以在多变的未来环境中繁衍生息，而具有先天自主认知能力的鸟类则会面临困境。具体来说，因为它们很难摈弃这种传统的、逐渐消亡的生存方式，所以它们不得不面对由此产生的一系列难题。结合这一章后面的部分内容，我们不难想象拥有创造性智慧的人类组织机构和社会或许会蓬勃发展，而拥有先天自主认知能力的人类及其社会则会陷入困境。现在，让我们把注意力重新集中在鸟类身上。

我们惊喜地发现科学家们正在研究如何对创造性智慧进行测算，特别是测算鸟类的智慧。脑容量大的鸟类创造能力更强。丹尼尔·索尔是西班牙加泰罗尼亚生态研究和应用林业中心的一名研究员，他可是公认的鸟类研究领域的专家。他研究鸟类智慧已经20年了。早在2005年，索尔就有一个重大发现：脑容量大的鸟类通常更有可能选择新的方式进食，无论它们是尝试一种新的方式来吃常吃的食物还是吃不常吃的食物。[8] 当然，也有例外的情况。有一些脑容量大的鸟类并不太灵光，而一些脑容量较小的鸟类却更有创造性。但总的来说，脑容量较大的鸟类更具有创造性这一特点更为普遍。

脑容量较大的鸟类包括鹦鹉、犀鸟、猫头鹰和啄木鸟，以及乌鸦、渡鸦、松鸦和其他鸦科鸟类。当然，在每一种鸟类中，总会有些鸟比其同类更聪明。家雀的智商就远高于其他种类的麻雀。人们有时将脑容量较大的鸟类称为长着羽毛的猿类，而且有充分的理由来证明这一点。人脑的平均重量约占人体体重的1.9%，根据马兹卢夫和安吉尔的报告，大乌鸦的大脑重量占其体重的1.4%，比人脑占比稍微低一点，但相差不大；而新喀里多尼亚乌鸦的大脑则占其体重的2.7%。其实，哺乳动物的大脑和鸟类的大脑完全不同，所以我们不必特别在意这种对比，我们只要知道乌鸦非常聪明就足够了，就像“披着羽毛的猿类”，或者我们用“不会飞的乌鸦”来形容猿类也未尝不可。

拥有先天自主认知能力的鸟类种类繁多，也拥有五花八门的独特本领。它们有一个共同之处，那就是它们的大脑容量比较小。

人们就鸟类具有丰富的创造性智慧这一点形成了初步共识，这有利于我们进一步探究物种的创造性智慧是否能够年复一年地帮助其应对环境的变化，特别是气候的变化。科学家们能够检测出鸟类是否更有可能在气候多变的地区或生物群落中进化出创造性智慧，他们还可以测试出高智商的鸟类进入环境多变的新型人类生物群落的可能性是否更大。

关于这些问题，人们观点不一。但是，各方最终达成了广泛共识。

最近，我的朋友兼合作者卡洛斯·博特罗带头进行了关于认知缓冲定律的研究。正是通过卡洛斯，我才第一次对这个定律有了了解。卡洛斯从小在哥伦比亚长大，他经常因为抬头四处观望鸟儿而被绊倒。卡洛斯对鸟类情有独钟，他考入纽约的康奈尔大学，然后去了密苏里州圣路易斯的华盛顿大学，他现在是华盛顿大学的助理教授。鸟类的各种行为令卡洛斯非常着迷，他最初研究的是热带雄性嘲鸫的唱歌创作能力。他发现嘲鸫在复杂多变的环境中会发出更有新意、更动听的鸟鸣。正是基于关于嘲鸫鸟鸣的研究，卡洛斯对鸟类大脑、鸟类智力以及未来多变的环境中哪些鸟类能够繁衍生息等问题产生了更广泛的研究兴趣。

卡洛斯和他的团队研究了鸟类面临的几种自然变异现象。一种是季节的变化，具体来说就是年际温度和降水量的差异，这种差异具有可预测性（因为每年都会发生），但对鸟类来说仍然是一个不小的挑战。卡洛斯他们发现：能够应对季节性变化的鸟类的脑容量可能会更大。我们通过对比不同的鸟类群体，或者把渡鸦、乌鸦和喜鹊等鸦科动物和火烈鸟进行比对，就足以证明这个观点是正确的。季节性也有利于鸟类种群中的脑容量较大的物种，例如猫头鹰。生活在季节性环境中的猫头鹰往往特别聪明，[9]它们的脑容量更大，这有助于它们在食物稀缺的地方也能找到食物。其他研究也已经表明鹦鹉物种之间也是如此。[10]我们甚至可以说这些现象在同一物种的内部也存在。美国塔尔萨大学的吉吉·瓦格农和查尔斯·布朗在最近一项研究中发现，在严寒条件下，脑容量较小的美洲崖燕比脑容量较大的美洲崖燕更容易死亡。[11]与此相反，那些生活在季节性环境中，但是通过迁徙躲避了季节性影响的鸟类反而脑容量很小，而且善于飞行。[12]

顺便提一下这个故事的一个小插曲，包括卡洛斯·博特罗和他的合作者特雷弗·弗里斯托，以及丹尼尔·索尔和他的合作者在内的许多研究人员，共同发现脑容量大的鸟类并不是唯一能适应季节变化的物种，那些脑容量较小的鸟类也可以做到，这是因为它们的生活方式恰好与它们面临的季节性变化相适应。[13]例如，这种变化的原因与冬季有关，那么脑容量很小（大脑体积比核桃小，有花生米那么大，通常只有半个花生米大小）的鸟类如果体型够大，内脏也足够用来发酵食物，那么它们就可以顺利地生存下来。这类鸟类拥有所需的专门知识，能够了解它们面临的具体的环境变异问题。例如，在遥远的北方地区，夏天温暖，冬天寒冷，渡鸦、乌鸦和猫头鹰能够在此繁衍生息，但是卡洛斯指出，以谷物、松针、根和茎为食的小型松鸡和雉鸡也可以在那种地方生存下来。

相对来说，季节性变化还是比较容易应对的。即使第一场冬雪、第一场春雨或第一次酷暑都会对生态系统造成冲击，但是这种冲击是人们预料之中的，因为春夏秋冬，四季更迭轮回，乃是自然规律。另一种变化与季节差异无关，而是与年际差异有关。因为这种变化没有固定的模式，所以更难应对。我们无法通过一只鸟来预测是否来年有旱灾。这种不可预测的变化，即温度和降水年际变化，预计在未来会愈演愈烈。拥有创造性智慧的鸟类更适合居住在自然环境常年多变的栖息地（类似季节性强的地区）。

具有创造性智慧的鸟类就算在食物不足的情况下也能顺利地找到食物，这有助于增加它们捕食猎物的种类。最近，我有一次和乌鸦近距离接触的经历，进而引发了我对鸟类创造性智慧价值的认真思考。每年我都会在哥本哈根大学工作一段时间，上次我在哥本哈根工作时，经常在骑车上班的路上看到一群羽冠乌鸦。这些乌鸦是美洲乌鸦的近亲，它们聚集在城市外沿北向道路沿岸的海滩上。我每天都会遇到这群乌鸦，因此能够密切观察并了解它们的饮食情况。夏末，它们吃人类的食物，黑麦面包、薯条和薯片碎渣，还偶尔啜饮两口丹麦嘉士伯啤酒。但是到了 8 月，气温开始降低，海滩游客变得稀少，可食用的食物残渣也越来越少。乌鸦便改吃附近树上的核桃；人们可以看到它们整天把核桃不停地扔到人行道的水泥地上，反复地摔，直到摔裂核桃外皮和外壳。核桃吃光了，乌鸦就摔苹果。苹果吃光了，它们又开始摔贻贝。最近一次我看到它们在摔蜗牛。尽管乌鸦处于城市边缘，那里的野生环境特征并不是十分明显，但它们还是为了生存而发明了新的觅食方法。丹尼尔·索尔认为它们的创新行为与巨大的脑容量密切相关。乌鸦利用它们强大的大脑来寻找、选择和获取新的食物，这对于它们应对城市每月的变化很有益处，同时也有助于它们应对年际变化。人们耐心地观察乌鸦，发现它们拥有自己独特的饮食习性。不仅仅乌鸦是这样，据报道，在英国一个社区里，蓝山雀学会了啄烂放在门廊的牛奶瓶上的铝盖以偷吃奶油。乔纳森·威诺在其所著《鸟喙》一书中写道，这种新的获取食物的方法在周围的鸟儿之间得到广泛传播，[14] 因此当其他鸟类之前一度饱受饥饿之苦时，这些拥有过人的创造力的蓝山雀可以靠啄食奶油安然度日。

但是，在不同的季节吃不同的食物，发明新的方法来获取新的食物，这只是拥有创造性智慧的鸟类应对环境变化采用的手段之一。它们还会储存食物。例如，克拉克星鸦会把松果埋起来进行储存，而且每只克拉克星鸦都能用它们的大脑袋准确地记住坚果的埋藏地点。大脑让它们知道何时该储存坚果，把坚果储存在何处以及在何处挖出它们储存的坚果。在数千颗坚果被埋10个月后，克拉克星鸦仍能清楚地记得它们的埋藏地点。关于鸟类能够记住坚果的埋藏位置是真的凭借创造性智慧，还是因为拥有一种独一无二的专业技能这一问题，人们还存在着质疑（但我毫不质疑）。而这种创造性智慧的独特性在于鸟儿知道取回坚果的最佳时机以及明智地选择先取回哪些坚果，而哪些坚果需要继续储存。这些鸟类不仅会储存食物，还会定期配给食物。正如马兹卢夫和安吉尔所说，灌丛鸦“重获易腐蠕虫的速度远远快于其发现不容易腐烂的种子的速度”。[15] 也就是说，它们被贴上了鸟类“佼佼者”的标签。这些绝不是智慧型鸟类的能力极限。马兹卢夫和安吉尔还指出，如果乌鸦和灌丛鸦在储藏食物时发现周围有其他潜在的偷盗者，它们还会另外寻找新的地点把储存的食物藏起来。

如果智力缓冲效应的观点是正确的，那么人们可以进行一些其他的预测。卡洛斯·博特罗和特雷弗·弗里斯托已经证明，如果鸟类拥有智慧能够找到多种解决难题的方法，从而在环境多变的情况下得以生存，那么在同样的气候条件下，脑容量大的鸟类数量变化的幅度应该会比脑容量小的鸟类小很多。在好年景里，脑容量小的鸟类数量上升；在年景不好的时期，它们的数量则会下降。而脑容量大的鸟类的数量则比较稳定（变化幅度得到缓冲）。[16] 根据预测，脑容量大的鸟类更适合在复杂多变的环境条件下繁衍生息。这一点毋庸置疑。[17] 人们应该可以预料到，在城市不可预测的环境条件下，无论何时，无论何地，脑容量大的鸟类更适合在人类周围繁衍生息。进化生物学家费兰·萨约尔联合他的顾问丹尼尔·索尔以及另一位导师亚历克斯·皮戈特进行的研究也证明了这一点。[18] 其他能够适应城市生态环境的物种是脑容量较小的物种，但是它们具有不同寻常的优势——繁殖频率高。这些物种利用繁殖后代得以在城市中生存下来，并“期盼”有一天会在理想的栖息地繁衍生息。

城市里脑容量大的物种，鸦科物种算是一个，比如哥本哈根的羽冠乌鸦、加纳阿克拉的花斑乌鸦、新加坡的大嘴乌鸦，还有北卡罗来纳州罗利的鱼鸦。诗人玛丽·奥利弗曾经在诗中写道，“在高速公路的边缘 / 它们挑拣着柔软的东西”，这就是城市生活的“本质”。[19] 莉安达·林恩·豪普特甚至在其《乌鸦星球》一书中说，现在的乌鸦和其他鸦科动物的数量之多是史无前例的。[20] 也许这是事实，也许不是。不过可以肯定的是，我们周围的确有一部分鸦科物种生存了下来。

并非只有鸦科物种才会利用它们的智慧在城市中占据一席之地，猫头鹰也是如此，甚至一些鹦鹉也可以做到。聪明的鸟类在我们周围崛起，足以说明人类世界已经变得如此的神秘莫测。通过研究乌鸦和其他高智商的鸟类，我们能够了解大多数物种无法忍受哪些不可预测的环境变化。1855 年 1 月 12 日，亨利·大卫·梭罗在他的日记中写道，乌鸦的叫声“混杂在村庄的轻微低语中，混杂在孩子们玩耍的声音中，就像一条小溪缓缓注入另一条溪流，野性与温顺融为一体”。[21] 对梭罗来说，乌鸦代表的不仅是乌鸦自身，也是梭罗本人的象征。或许更准确地来说，乌鸦的存在和它们的数量并不仅象征着作者本人或我们人类，更是在讲述整个人类的命运。

环境变化速度加剧会使哪些鸟类难以生存？这些深受环境变化影

响的鸟类往往拥有各种专门知识技能，而这些技能已经无法适应新环境的变化。这些鸟类力图用老方法渡过难关，它们墨守成规，却不计任何代价。海滨灰雀便是其中一个例子。

我之前提到过，这种海滨灰雀生活在卡纳维拉尔角尽头的梅里特岛上及其周围地区。位于上述地区和圣约翰河附近的海拔较高、相对干燥的沼泽地是海滨灰雀的专属栖息地，它们在那里进化了 20 多万年。沼泽地的生态环境一直非常稳定，因此这些鸟儿不需要拥有应对新环境所必备的智慧。

我之前没有提到过，美国国家航空航天局 (NASA) 恰好决定将约翰·肯尼迪航天中心设在梅里特岛，将其作为火箭发射地，人类可以从火箭上回望美丽的地球。例如，宇航员迈克·柯林斯曾经乘坐阿波罗 11 号飞船从肯尼迪航天中心升空，完成相应的航天任务。回想那次航天任务，柯林斯后来在接受一部纪录片的采访时说："我从飞船里看到地球时最强烈的感觉就是，天哪，在浩瀚的外太空里地球看起来是如此的脆弱和渺小。"[22]

在美国国家航空航天局决定将梅里特岛作为其太空计划的活动中心（地球和太空之间的脐带）期间，人类加强了对梅里特岛的改造和管控，使其环境条件更适合人类。第一个管控措施就是使用杀虫剂滴滴涕（DDT）。为了减少岛上的蚊子，他们在岛上喷洒了滴滴涕。喷洒滴滴涕产生的后果有两个：一是杀死了大量海滨灰雀赖以为食的昆虫；二是无意中促使蚊子（可能还有其他一些昆虫物种）进化出了对滴滴涕的耐药性，这完全是预料之中的事。昆虫总量的减少使海滨灰雀数量大幅度下降。喷洒任务从 20 世纪 40 年代开始，等到了 1957 年时，海滨灰雀的数量已经减少了 70%，因为它们不具备创造性智慧来寻找其他的食物。与此同时，一旦蚊子对滴滴涕产生了耐药性，人们就会采取新的措施来控制它们。而且岛上住着许多航天中心的工作人员，所以这些新措施实施起来费时又费力。第二个管控措施是对沼泽地进行开沟或蓄水。受到诺亚时代洪水的影响，沼泽地要么一下子被排干，要么一个接一个变得干涸。因此，适合海滨灰雀生存的栖息地逐渐缩小，直至缩小为岛屿般的地块那么大。而人们在沃尔特·迪士尼乐园和航天中心之间修建了一条高速公路，使得其中环境最好的地块面积又缩小了很多。高速公路的两旁随之修建了许多房屋，这引发了洪水和排水等一系列问题。1972 年的一项调查发现了 110 只雄性海滨灰雀，因此推算当时总共有大约 200 只海滨灰雀。1973 年的调查显示只有 54 只雄性海滨灰雀，那么总数降为 100 只左右。1978 年则只发现了 23 只雄性海滨灰雀，总数就应该是 50 只左右。直至后来只发现了 4 只雄性海滨灰雀，一只雌性海滨灰雀也没有。1987 年，最后一只海滨灰雀死在了笼子里。人们从野外捕捉到它，让它和另一种麻雀交配，以确保它能存活下来，就算外形或基因等方面会有所改变。曾有报道说，那只被囚禁在鸟笼中却依然婉转歌唱的雄性海滨灰雀，"住着迪士尼乐园的豪宅"，这个"迪士尼豪宅"在某种程度上已经取代了它自己的土生土长的草屋，[23] 这实在颇具讽刺意味。

海滨灰雀虽说是一种在宇宙中存在感很低的小鸟，但自从它灭绝以来，人们便开始对它的可爱乖巧赞美有加，它一直是小说、诗歌作品的主角和数不清的科学论文的研究主题。正如作家巴里·洛佩兹所说："思绪万千，无尽的赞美之情和无边的失落感，同时涌上心头。"[24] 最终，海滨灰雀沦为了自身专业化（认知能力）和技术（火箭领域）、政治（太空竞赛）和娱乐（迪士尼乐园）等力量交叉影响下的牺牲品。

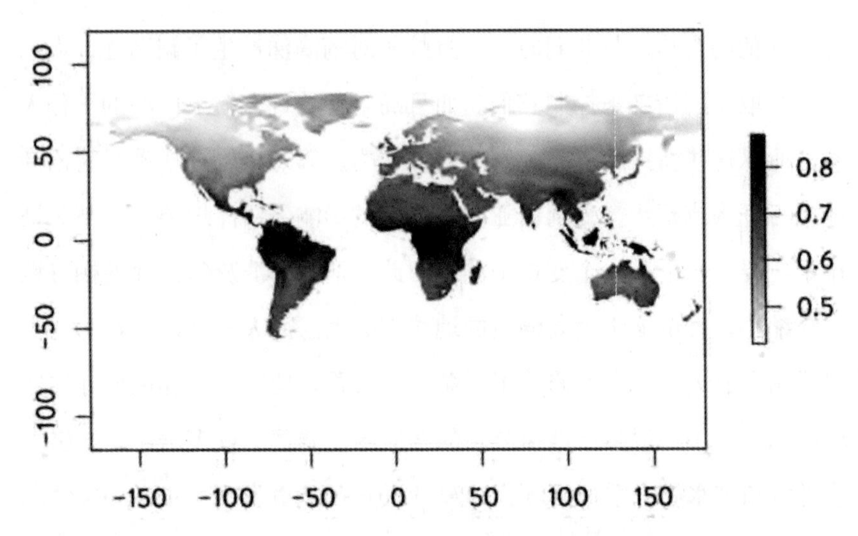

图 6.2（年际）温度的历史预测。深色阴影地区的温度非常稳定（因此可预测）。一种动物如果能进化到对某一年的温度做出反应的程度，那么它就具备适应下一年温度的特征。另外，浅色阴影地区本年的温度无法预示着来年的温度。无论是在澳大利亚中部、北非、亚洲温带还是北美，最具创造性智慧的鸟类极有可能在阴影最浅、可预测最低的地区繁衍生息。该图由卡洛斯・博特罗绘制。

仅仅凭借先天自主认知能力，海滨灰雀是无法预知这些力量产生的影响的，正如它无法预测流星何时出现一样。

人类所到之处的种种行为导致环境变化加剧，海滨灰雀并不是唯一的受害者。全世界以昆虫为食的鸟类数量已经大量减少，这在很大程度上是因为昆虫数量剧减。一般来说，许多鸟类有着特殊的、奇妙的生存方式，并且凭借其智慧和独有的手段自由自在地生活，但是它们的数量却在不断减少。[25] 由于人类在地球“大加速”的过程中改变了世界的环境，所以迄今为止，数百种鸟类已经灭绝。

当一个孩子用棍子堵住一条溪流时，他可以瞬间控制住溪流，水流被阻断了。一切都在掌控之中，毫无悬念可言。但是，随后水流从小水坝上倾泻而下，之前的一条小溪流沿着旧河道奔流而下，现在，它变成了一条河。我们一般认为在掌控事物的过程中存在着诸多可变性。我们努力掌控这个世界，希望维持环境的稳定，但是反而在短期内加剧了环境的变化。从长期来看，我们所做的许多不起眼的决定会加速环境变化的速度，比如我们开什么车，我们去哪里旅行，我们吃什么食物，我们要生多少孩子，所有的这些决定都会增加温室气体的排放，进而改变全球气候。我们应该扪心自问，我们应该如何应对这种变化，我们更像乌鸦还是海滨灰雀？

我们在思考这个问题时，首先要清楚一点：诸多研究表明，哺乳动物和我们一样都会受到认知缓冲定律的影响。例如，曾经有人研究哪些哺乳动物在被突然带入与其原本进化环境截然不同的地区后存活下来的可能性最大；研究发现，脑容量大的动物生存的概率更大[26]。因此，那些我们有意无意带到世界各地的哺乳动物都具有创造性智慧。

人类一直对灵长类动物的智慧所起的作用很感兴趣，这也是因为人类希望对自己的智慧有更深入的了解。我们会问自己："我是谁？"然后，转而向猴子和黑猩猩寻求答案。灵长类动物的情况比鸟类或哺乳动物的情况更为复杂，但其实也没有那么复杂，所以听我说完。

第一个复杂之处在于除了我们人类，其他灵长类动物无法从容应对可预知的气候状况（出于同样的原因，许多灵长类动物反而可能会因气候变化而陷入困境）。当然，我们是脑容量最大的灵长类动物，生活在最不可预测的气候环境中。但自我欺骗会让一切变得具有挑战性。我们对自己太过了解，反而无法看清自己。研究影响人类大脑进化的关键因素有点像在镜子里看自己的后脑勺：我们能看到后脑勺，但角度总是不够准确，而研究非人灵长类动物则容易很多。

和脑容量大的鸟类一样，非洲非人灵长类动物的大脑变得相对较大，因此身体能量消耗也非常大。气候变化和不可预测性究竟与脑容量的大小以及创造性智慧有何关系？关于这一点，存在着两种截然相反的观点。一种观点认为，面对不可预测的气候状况，灵长类动物的大脑会进化得更大：它们巨大的脑容量及其认知能力减轻了困境带来的负面影响；另一种观点是，如果变幻莫测的气候使得食物减少，灵长类动物的大脑应该变得更小，因为大脑没有足够的能量供给。因此，灵长类动物大脑进化得更小，繁殖力却很强。

将两种观点综合起来看，就是我们不仅要研究脑容量的大小，还要能够更直接地测量出灵长类动物需要多大的脑容量才能保证其每天能够摄入均量的卡路里和营养成分，而不受气候差异和栖息地变化的影响。有一种观点认为即使在困难时期，具有创造性智慧的灵长类动物也能找到填饱肚子的方法。也就是说，我在哥本哈根观察到的羽冠乌鸦的种种行为，拥有创造性智慧的灵长类动物也可以做到。有薯条的时候它以薯条为食，有坚果的时候它以坚果为食。研究人员最近进行测试时发现灵长类动物与鸟类虽略有不同，但也有相似之处。生活在多变气候条件下的灵长类动物的脑容量通常会比生活在气候比较稳定地区的灵长类动物的脑容量小，因而消耗的热量也更少。这一观察结果证明了脑容量大的大脑会消耗巨大的能量，在条件非常艰苦时，这也没什么大惊小怪的。但是，不管气候如何变化，能够保证摄入均衡热量的灵长类动物都拥有比较大的脑容量。[27]

换句话说，多变的环境更适合灵长类动物的生存，哪怕它们只是拥有一个容量小、耗能低的大脑以及一个小小的身体，或者拥有一个强大的大脑以发现新的觅食方式来获取足够的热量。最有潜质成为后者的灵长类动物包括长尾猴、狒狒和黑猩猩。让我们以拥有最多研究数据的黑猩猩为例，无论生活在潮湿的森林还是热带草原，它们的食物都非常相似。它们不仅能记住果树的位置和结果实的时间，还能运用智慧制造工具以便获取之前从来没有吃过的食物，比如藻类、蜂蜜、昆虫，甚至肉类。我的搭档安米·卡兰在马克斯·普朗克进化人类学研究所工作，她最近的一项研究表明，黑猩猩特别擅长在气候条件最变幻莫测的生活环境中使用工具觅食。[28] 例如，在塞内加尔一个名为方果力的地方，黑猩猩已经找到了一种能够在非猎物区找到肉类食物的方法。它们制作长矛，并把长矛插进灌丛婴猴幼崽酣睡的洞穴里，以觅食该幼崽。

基于黑猩猩拥有创造性智慧，而且会使用工具，同属灵长类的人类在变幻莫测的气候条件下，随着时间的推移，大脑容量进化得越来越大。有了强大的大脑，人类可以应对未来变化无常的气候。这并不意味着这些气候变化是人类大脑进化的起源和动力（它们肯定不是）；相反，这意味着我们自己的历史貌似与许多其他物种的历史契合，只不过我们选择了一条好走的路。

认知缓冲定律对未来发展产生的最大影响与能够在变幻莫测的世界中茁壮成长的物种有关。气候持续变暖，这有利于那些能够适应这种气候环境的物种，即处于理想气候生态位的物种。同样，温暖潮湿的环境也会有利于那些适合在温湿环境中生存的物种。温暖干燥的环境有利于那些在温暖干燥的环境中生存的物种。气候极寒的环境则有利于那些适应寒冷地区生态位的物种生存，抑或它们也许能够在很快就会变得异常寒冷的地区存活下来。虽然在大多数情况下，它们无法做到这一点。然而，变化无常的环境条件或许有利于完全不同的物种，这些物种的生态位包括多变的气候因素；这个世界可能会变得越来越像乌鸦和老鼠的王国；同样地，也会越来越不适合海滨灰雀和成千上万的类似物种栖居生存。

这条定律的另一个作用与物种无关，而是与我们自己的社会有关。正如马兹卢夫和安吉尔指出的那样，“早期斯堪的纳维亚人的著作中把乌鸦视为重要的信息传递员”，[29] 而北美西北太平洋地区的原住民将它们视为“前进的动力”，居住在遥远的北方的土著居民也持有相同的观点。也许至今我们依然可以从这些聪明的鸟儿的洞察力和生存动力中受到启发。但是这种动力是什么样的呢？我们如何学会像乌鸦一样生活？

一度我们都曾以狩猎者的身份过着小型群居生活，并且从乌鸦的智慧中受益无穷。生活在变幻莫测的极北地区以及北美和澳大利亚沙漠地区的人类尤为如此，他们利用乌鸦般的智慧和创造力来解决层出不穷的难题。事实上，在许多地区，乌鸦的创造性智慧不仅有利于其自身生存，同时也使人类大受裨益，因此人类和乌鸦在生活的很多方面都息息相关。现在生活在美国西南部的土著居民收集并且储存起来的矮松种子和克拉克星鸦收集的种子，种类一模一样。他们的行为和乌鸦如出一辙，还以同样的方式和乌鸦去争夺相同的食物并进行存储，以备不时之需。

但是，大多数人类已经改变了原有的生活方式。我们不再使用原有的方式进行生产，我们不需要亲自去种植粮食、建造自己的家园；不需要单独建造我们日常所需的运输系统、废物处理系统或教育系统。就算我们的生活离不开这些系统的运行，我们大多数人也无法完成这些工作，不仅是因为我们能力不足，还因为我们现在住在城市里。在城市中，人类通过操控各种系统来完成这些工作，遵循人脑智慧之外的类似某种智能运行规则。如果我们打算依靠集体的力量来应对未来的变化，那么除了我们强大的大脑，人类社会的公共机构和私人机构也会发挥很大的作用。

我们可以想象很多机构（如同动物一样）拥有不同的智慧。许多机构或者大多数机构都能够完美地完成一项任务，就算不够完美，至少也相当出色，这是因为它们拥有专业的知识和技能。越来越多的大学和政府都倾向于采取这种运行模式，如果它们运行效果良好的话，那么在过去几十年里，甚至在未来更长时间内这些机构都会发挥比较稳定的作用。布兰达·诺威尔是我在北卡罗来纳州立大学的同事，也是机构应对风险领域的研究专家。她指出："我们拥有庞大的公共官僚机构，随着时间的推移，这些机构在结构和文化上都发生了无数变化以便更好地适应其占优势主导地位的运行环境。"这些机构非常适应这些"主导运行环境"，正如海滨灰雀极其适应盐雾弥漫、植物繁茂的栖息地一样。在这些机构中，人们经常听到一种关于稳定性和专业性的行话，话里话外更倾向过去的种种做法。人们常说，"长期以来我们一直这么做"，意思是"这个做法一直很有效"。有时，过去行之有效的做法只是提供了解决问题的一种途径，并不是具体的解决方案。即便如此，采用这种途径的前提是条件足够相似，才能发挥其作用。正如诺威尔所言，在一个不断变化的世界里，"过去的行为和其产生的结果之间的关系通常与现在的形势有着潜在的关联性，尽管这种关联性比较有限"。[30] 古老的因果定律必定会被新的规则取代。但糟糕的是，拥有专业自动化技术的机构在实施新规则方面的进度非常缓慢。

其他类型的机构可能更灵活多样，它们可以通过创造性智慧和创新应对不断变化的环境。但说实话，我们很难找到具有创造性智慧的标杆机构，也许这没有什么好奇怪的。大多数机构都是在过去几十年相对稳定的环境中崛起的。第二次世界大战结束后，全球经济体系一直保持稳定。更重要的是，我们已经习惯了稳定的气候环境。在直立人和拥有巨大脑容量的智人进化后的时期内，地球的气候比过去一亿年的大多数时期更容易预测。在过去的一万年里（图 6.1 所示的全新世）也是如此，在这段时期里，出现了农业和城市，而且现代文化的主要特征也显现出来，科技“大加速”时代开始。我们一直受幸运之神的庇护，安享稳定的生活，却并未对此心存感激。简而言之，当人类在变幻莫测的时代进化出更大的大脑时，我们的机构也逐渐拥有了一种专业技术功能，非常适合我们长期以来所处的环境，而这种环境条件正在逐渐消失。

或许有人认为，即使在环境稳定的时期，许多机构也会不断发展，为应对未来的变化做好准备，就像脑容量大的鸟类有时也可能会在一成不变的气候条件中发生进化。这可能很罕见，其中一个原因是机构中创造性智慧所需的灵活性和意识的形成是需要付出代价的，就像灵长类动物巨大脑容量的形成也需要付出代价一样。其中一个代价是它们每次都要重新做决定，而不只是单纯重复之前做过的事情。“我们已经找到了解决这个问题的方法，”我们的领导会说，“我们无须谈论这个问题。”这就需要时间和资金成本，需要我们停下来进行反思并重新思考这个问题。从理论上讲，如果系统本身及其规则能够对变化做出回应，那么这种成本或许会降低。但即便如此，布兰达·诺威尔强调，当各种条件发生变化时，保持警惕性，及时发现其变化也是需要付出成本的。此外，正如诺威尔强调的那样，我们过去需要的警惕性并不一定是未来需要的那种警惕性。

乌鸦的警觉性很高，它知道何时食物短缺，冬天何时更寒冷。一旦这些环境发生变化，乌鸦就会运用智慧发现应对之策。但是，大型机构本身并不了解这些变化，它们必须时刻监测任何环境变化并保持警惕，特别是对罕见的现象保持高度警惕。但这样做的代价是，罕见的现象和变化发生的概率很小（所以它们付出的努力白费了）。在大部分时期内，我们为应对罕见事件所做的准备需要消耗大量的成本，同时季度报告也使得这些成本更加透明。在石油公司发生漏油事件之前，其安全措施的成本很高，但没有任何回报。在核电站发生熔毁之前，他们一直都在消耗大量资金培训其工作人员，提高其面对熔毁事件的应变能力。诺威尔还提到了另外一个案例，当消防员面对从未见过的冲天大火时，他们采取的种种应对措施纯粹是愚蠢至极的无用之功。展望未来，我们已经清楚地意识到人类将要面对越来越多的未知的变化。事实上，如果人类忽视这些越来越普遍的罕见事件和变化，那么他们面临的危险也会越来越大。

在新型冠状病毒疫情暴发之后，人们推测类似的流行病将变得非常普遍，因此我们非常有必要研究一下哪类机构做了更完全的准备，以应对新冠病毒的威胁。数十年来，研究疾病的生态学家一直认为，人们进行大规模耕种（甚至把动物关在笼子里饲养），同时全世界人与人之间联系越来越密切，当这些行为对生态系统造成破坏时，就会进化出新的寄生虫。他们对此争论不休，甚至明确指出了这些寄生虫最为普遍的发源地，就像贝比·鲁斯（Babe Ruth）[①] 指着他将球击出公园的地方，生态学家给我们指明了大自然会将寄生虫一棒打入人类社会（对人类造成重击）的具体位置。但是，流行病传播的风险增加并

①美国职业棒球运动员。——编者注

不是重点；许多灾难发生的风险都会增加，例如洪水、旱灾、热浪和流行病，因此拥有创造性智慧的额外成本也会越来越低。

我们如果想在多变的环境中生存下来，我们的社会就需要创新。我们每个人都应该留心这种创造力的种种表现以及为了实现它所做的改变；同时我们也可以感知到创造性智慧的缺失，特别是当我们听到别人甚至是我们自己说，“我们一直这么做”或者“在这种情况下，我们一般会……”

但是，这并非全部。

乌鸦可以利用它们的创造性智慧应对新难题，它们使用新的方法寻觅新的食物便是最好的证明。从本质上说，它们的饮食变得多样化，这样即使它们赖以为食的昆虫物种变得越来越少，它们也可吃其他的昆虫饱腹。我们可以将这一大自然多样性法则运用于我们耕种的农田，甚至我们自己的身体上，以减少人类灭绝的风险。即使我们没有创造性智慧，我们也能做到这一点。卡洛斯·博特罗已经证明，即使寄孵鸟（即把鸟蛋产在其他鸟类巢中的鸟类）没有创造性智慧，它也能从多样性法则中受益。在多变的气候中，寄孵鸟依靠更多的鸟类为其孵蛋得以繁衍后代，[31] 这样的话，如果一个物种的数量减少，另一个物种的数量就会增加。也可以说，它们把鸟蛋放在不止一种鸟的巢中。我们可以而且也应该采取两头下注的策略，借其他物种之力得以生存。这并不一定适用于所有情况。但是，正如我将在第七章中谈到的，它可以在农业领域中发挥作用。牧师亨利·沃德·比彻曾说过：“就算人类长着翅膀和黑色羽毛，那么也不会比乌鸦聪明多少。”[32] 也许事实并非如此。但是，我们这么做或许仍然可以缓解一些可能出现的威胁。[33]

第七章　多样性降低风险性

20世纪农业取得的伟大成就并非其经济的可持续发展、食物口味的改良或者营养丰富，而在于其数量。农作物科学家开始致力于提高农作物所能提供给人类消耗的热量，现在他们成功了。相比40年前，更不用说100年前，现在一英亩的玉米地能生产出更多的玉米，一英亩的小麦地能生产出更多的小麦，一英亩的大豆地能生产出更多的大豆，这在以前是不敢想象的。由于粮食产量的增加，整个人类最重要的主食不仅价格便宜而且供应充足，因此在过去几十年里人类解决了大部分的饥饿问题。

取得的成功得益于人们采取的一系列“控制”措施。我们通过育种和工程学技术，改变了作物的基因，使这些作物只要被好好浇水和施肥就可以生长得特别快。正如安妮·迪拉德所写，我们历经种种磨难，终于进入“湿湿的细胞核”内部，然后植入了能够产生杀虫剂的新基因。[1]我们甚至还植入了新的基因，使植物对除草剂产生耐药性（然后在田地里喷洒除草剂，以杀死那些不具有耐药性的杂草，否则它们可能会争夺更多养分）。这些控制措施的本质特征在于使作物成为工业化体系中尤为重要的一环。它们就像流水线上的组件一样受到控制，并在这种管控下茁壮成长。我们可以对这一系统的许多特点提出质疑，但同时要记住，今天世界饥饿人口的比例比100年前要低得多。然而，展望未来，这一体系面临着重大挑战。我们已经建立了一个食物体系，当可变性降到最低时，这个系统就会顺利运行。但是，正如在第六章中提到的，我们已经改变了地球的气候，使它变得更加变幻莫测。这是一个棘手的问题。

农业的工业化措施和技术方法尤为适合解决未来的一些挑战。例如，如何从每英亩农场中生产出热量更高的作物或如何生产更耐旱的作物。但这些方法并不能应对可变因素，尤其是那些超出其控制范围的可变因素。未来世界将会瞬息万变，尤其是气候状况。今年的理想作物未必是明年的理想作物。在这种情况下，人们希望的就是生态学家所谓的生态稳定。在一个稳定的自然生态系统中，初级生产力，也就是在一段时间内生长在一个特定地区的绿色生物，即使气候条件发生变化的情况下，其数量每年也不会有太大的变化。稳定的农业系统即使在气候变化很大的情况下，年产量的变化也不大。一种实现稳定性的方法是使用科学技术来减缓环境变化的速度，基本上维持现有环境的稳定性。例如，我们可以在干燥的时候多浇水，在潮湿的时候少浇水；在无人机、气象站和人工智能的帮助下，浇水工作会更加精确。如果我们资金充足的话，当然可以这样做，但这并不是唯一的方法。

另一种应对环境变化的措施受到了大自然的启发。（如果乌鸦会种植作物，它一定也会这么想。）但是，自相矛盾的是，这种方法是通过改变种植作物来解决气候变化问题，从而增加农业生产多样性的。换句话说就是通过一种变化来应对另一种变化。这种方法的成效首先在明尼苏达州的一些草地上显现出来。在这些草地上，一位名叫大卫·蒂尔曼的生态学家创造了一个微型世界，以便让人们更好地了解整个现实世界。

作为一名研究生，大卫·蒂尔曼自认为是一位特别的生态学家，他使用数学理论作为一种产生预测和实验的方式，以验证这些预测。最初，实验规模相对较小。

在蒂尔曼进行的首批实验中，有一个实验的目的是了解不同种类的藻类是如何共存的。一个池塘内大概有 30 种光合藻类，它们需要的养料和阳光都差不多相同。为什么这些藻类物种群中，没有一个物种能在“生存竞争”中获取全部养分，导致其他物种灭绝呢？其中一位生态学先驱伊夫林·哈钦森将这种神秘现象称为“浮游生物悖论”。[2]他的研究目标是解决这个问题，值得欣慰的是，他成功了。他进行的一系列细致的实验表明，如果藻类处于不同的生态位，它们依然可以共存。在这种情况下，生态位与它们有限的生存资源（磷和二氧化硅）有关。即使三种藻类物种可能都需要磷、二氧化硅和阳光，但如果第一个物种需要更多的磷，而第二个物种需要更多的二氧化硅，第三个物种需要更多的阳光，它们也可以共存。[3]蒂尔曼依据在这个实验中得到的理论和发现，进行了更多的藻类实验。在这些实验中，他测试了藻类共存的其他特征。凭借在这个研究领域的出色成就，年仅 26 岁的蒂尔曼被聘为明尼苏达大学的助理教授。

虽然蒂尔曼仍继续在明尼苏达州研究藻类，但同时他对陆地生物也颇感兴趣。他还研究樱桃树上的蚂蚁以及生长在囊鼠洞周围的植物，这些植物生长在当时被称为锡达克里克自然历史区（如今的锡达克里克生态系统科学保护区）的地方，那里距明尼阿波利斯市约 30 英里。蒂尔曼在锡达克里克的时候，决定进行另一个实验，这并非他一时的兴致，因为这个实验将耗时很长而且与他的职业生涯息息相关。

蒂尔曼打算采用他在藻类研究中经过验证的方法进行陆地植物的实验。1982年，蒂尔曼在三块废弃的农田（生态学家称之为弃耕地）上各建立了54块小面积的土地地块，在草原上也建立了同样数量的地块。他确认并测量了每个地块的每一株植物。他意外地发现，一些地块的植物种类比较丰富，而另一些地块的植物种类则比较稀少。然后，蒂尔曼将这些地块随意分成七块，在每块土地采取不同的施肥方式。每块土地每日添加不同浓度的肥料。有些土地一点肥料都不施，而有些土地则施以最高浓度的工业化农业用肥。为了让实验顺利进行，蒂尔曼需要选择田地，制作小块地，分别向这些土地提供其所需的营养物质，然后历经数年，研究其结果。这个工作很辛苦，像从事耕作一样使人身体疲乏，但蒂尔曼最终收获了知识的果实。在其耕地里劳作一季，收获的不是果实，而是真知灼见。

在这项艰苦工作的最初几年里，蒂尔曼就有了一些发现。他写了几十篇论文，研究植物能否共存取决于它们接受的不同营养物质的浓度。他还写了许多其他的论文，研究植物群落随着营养物质浓度的变化而变化的过程。一些论文受到了人们的赞誉，一些论文则被人们抛之脑后，但终究还是有所收获。一年一年过去了，蒂尔曼致力于研究他的实验对长期存在的现象产生的影响，特别是，他完全有能力检验所谓的多样性与稳定性假说的正确性。

长期以来，人们一直假设森林、草原和其他生态系统包含的物种种类越多，它们在面临火灾、洪水、干旱或瘟疫等重大灾难和困境时就越稳定。多样性与稳定性假说预测：生态系统越多样化，受到此类灾难的影响就应该越小。蒂尔曼研究的地块在物种数量（即多样性）上各不相同，这既是因为它们施肥状况不同，也是因为这些地块在蒂尔曼开始实验之前本身就存在着偶然性差异。有些土地上物种更丰富（即多样性程度高），而有些土地上物种种类则较少。多样性程度最高的土地状况接近天然草原，其中的植物有的高大，有的矮小；有的植物的根是束状根，有的植物的根则又长又直。这些地块如同一幅幅交织着各种棕色、绿色的油画，我的朋友尼克·哈达德曾经在这些土地上工作过，他在一封电子邮件中称这些土地如“绚丽的繁花般映入眼帘，赏心悦目”。物种种类最少的土地往往施肥良好，看起来最像种植密集的农作物，它们通常是庸医草或肯塔基蓝草，其植物在高度、叶子形状、生长需求以及绿色程度方面都相差不大。这种土地地块之间的差异有助于蒂尔曼研究施肥和其他因素对地块中物种数量和种类的影响，尤其有利于蒂尔曼逐步检验多样性和稳定性假说的正确性，以及物种种类最多的土地是否比物种种类最少的土地产生的变化幅度较小。或者在灾难发生时（无论是火灾、瘟疫、洪水还是干旱），都足以使他检验这一假设是否正确，但是他必须耐心等待。

当然，蒂尔曼本可以通过实验制造某种灾难。他本可以在他的土地里放入寄生虫，或者放一把火。但是他无须通过实验重造任何一个天启骑士（《圣经新约》末篇《启示录》中的典故）。天启就以旱灾的形式降临。从 1987 年 10 月开始，也就是实验开始的 5 年后，明尼苏达州发生了 50 年来最严重的干旱，持续了两年之久。这的确糟糕透顶，但这也正是蒂尔曼需要的。不过他无法立刻着手研究干旱产生的影响，他不仅要等候时机观察旱灾对每一个地块的影响，而且还要在旱灾结束之后的几年里跟踪研究这些土地的恢复状况。生态系统在某个时间段内的稳定性依靠其抵抗力。一个具有抵抗力的生态系统即使在灾难发生时也能保持稳定不变，它可以进行顽强的抵抗。生态系统的稳定性也要依靠其适应和复原能力，具有强大韧性和适应性的生态系统在应对灾难时能够快速复原。早在1989年蒂尔曼本就可以研究这些地块的抵抗力，但为了更好地研究它们的抵抗力、复原能力以及最终的稳定性，他必须继续等待。

最终等到了1992年，实验已经进行了10年，旱灾也过去了6年，时间已经足够长了。因此，蒂尔曼与一位来自蒙特利尔大学的访问明尼苏达大学的教授约翰·唐宁（John Downing）合作，开始研究每个地块的抵抗力、复原能力和稳定性。他们决定把重点放在植物生物量的总量上，即每块土地每年产生的生物总量。他们把这些地块的生物量随时间而产生的变化进行了对比，以便测量每个地块的抗旱性，旱灾后的复原能力以及其抗旱性和复原能力、稳定性产生的影响。

蒂尔曼和唐宁发现，在旱灾之后，物种较多的地块生物量下降较少。[4]在干旱期间，物种较少的地块的生物量急剧下降，减少了大约80%，这样的地块抗旱能力不强。在物种比较多的地块上，生物量也在下降，但降幅要小得多，约为50%。由此看出，物种多样性程度高的地块抗旱性相对较强。此外，在随后的几年中，由于物种多样性程度高的地块复原能力更强，所以它们完全恢复生物量的可能性要比物种较少的地块大很多。凭借强大的抵抗力和复原能力，物种丰富的地块在旱灾之年也能保持稳定的状态。虽然人们长期以来一直假设多样性对稳定性有所影响，但并未得到野外实验的验证。蒂尔曼的实验为我们提供了令人信服的证明：物种更丰富的草原更有稳定性。多样性和稳定性假说看起来越来越像一种法则，蒂尔曼想彻底搞清楚这一点。因此，在1995年，他开始着手进行一个全新的、更大规模的实验。

这个被命名为“大型生物多样性实验”的全新实验，重点研究生物多样性，目的是更清晰、细致地探究面对旱灾、寄生虫和害虫，物种多样性程度高的弃耕地是否比其他土地更稳定。

这项新实验选取的土地地块比化肥项目中的地块要大得多，而且数量也比后者多。首先使用铲运机和犁铲掉所有地块现有的植被，然后人工播种，种植所有的植物，因此这些地块需要受到悉心照料。需要对它们进行测量，尤其是在夏天，还要给它们除草。除草工作特别繁重，尼克·哈达德记得，每年夏天都需要雇大约 90 名本科生来完成这项工作，这也证明了他们的工作强度。近百个未来的国家栋梁之材像山羊一样弯下腰，在这片田间土地上忙忙碌碌，一点点地清除掉多余的杂草植物（见图 7.1）。

随着实验的进行，蒂尔曼开始深入思考实验结果。显然，每个土地地块包含的植物种类的数量能够帮助人们对该土地的状况进行预测。植物种类越多的地块平均每年能产生更多的生物量和生命体，这其中包含了更多种类的昆虫，既有食草动物，也有以这些食草动物为食的物种，它们也不太容易受到害虫和寄生虫的侵害。在几十名学生及搭档的协助下，蒂尔曼花了几十年时间写了一篇又一篇论文，首先是关于 1982 年的实验的论文，然后是关于这个生物多样性的更大规模的实验，几乎所有的论文名字都是“植物多样性对 × × 的影响”，不同的只是句子中介词后面的名词。与此同时，他还需要时间测试这些大的地块是否也像他在早期实验的小地块一样，其物种多样性程度越高就越稳定。这一次，他又需要漫长的等待，因为他需要多年的数据积累来研究土地在丰年和歉年的变化。

土地上的草本植物、树木甚至藻类的种类越多，土地状况越稳定，这其中的原因有两个。第一个原因就是我们所说的投资组合效应（或

图 7.1 上图展示的是大卫 · 蒂尔曼的大型生物多样性实验中的部分物种多样性程度较高的地块。请注意这些地块的阴影程度、裸地的数量和植被高度的变化。下图展示的是学生们正在这些相同的地块上除草，他们每次只清除一种杂草植物。照片由雅各布 · 米勒拍摄。

保险效应），这个术语最初是由股票投资者使用的。投资者将资金投入不同行业或不同利基公司的股票以降低风险。不同的行业对同种的经济冲击的反应各不相同，涨涨落落是常态，因此，选取多样化的股票投资组合进行投资可以规避风险，并在长期内获得更高的平均价值收益。生态学中的投资组合效应与其极为相似。在一个特定的区域内，物种越多，无论未来出现什么新情况，至少有一个物种能生存下来的可能性就越大。同样，一个特定的物种也就越可能具有优势（生态学家称这种现象为取样效应）。如果不同的物种拥有截然不同的生态位，这种投资组合效应会尤其显著。想象以下两种情况：一种情况是两种植物在耐旱性和适洪性方面稍有不同，另一种情况是一种植物非常耐旱而另一种植物非常耐涝，很明显后者投资组合效应最大。

第二个原因与竞争有关。假设任何在新环境中生存的物种，不仅能够生存下来，而且还占据了其他物种使用的资源。我们想象这种状况已经持续了两年：在新环境下的第一年内，适合新环境特征的物种更有可能生存下来；第二年，它们生存、繁殖，并占领其他同类曾经生活过的土地。拥有不同生态位但在某种程度上又相互竞争的物种，就如同在股票市场中同时投资一家太阳能电池板生产公司和一家煤炭开采公司的股票，它们会对经济和社会变化产生不同的反应，但如果一方失败，另一方就有机会胜利。因为竞争的影响需要更长的时间才能显现出来，所以它们更有可能影响生态系统的复原能力，而不是抵抗力。

2005 年，也就是实验开始 10 年后，蒂尔曼对照分析出了大型地块的物种多样性对其稳定性的影响。他发现在气候和其他因素的影响下，物种较多的土地每年的变化不大，这与之前的实验结果一致。[5] 在这些土地中，就算有一个物种容易受到特定因素的负面影响，其他物种也不会因此受到大的影响，物种的多样性组合降低了它们遭受的负面影响。例如，在旱灾年月，不耐旱的物种枯死了，而耐旱的物种存活下来。当寄生虫肆虐时，易受寄生虫感染的物种死亡，其他不易受寄生虫感染的物种生存下来。但在只有单一物种或少数物种的地块中，没有这种“规避”现象。某些物种较少的土地地块在面对某种困境时更有优势（例如，在旱灾之年，这些土地上长满了耐旱的物种），但是一般情况下，它们无法占据太多优势。说到底，如果生存环境一直很艰难，那么竞争则至关重要。例如，耐旱的物种会“霸占”耐旱性较差的物种生存所需的草皮。

生态学家进行实验的目的是探究自然界的因果关系。他们在保持其他条件不变的情况下，对弃耕地、池塘中许多因素进行了操控，而如果池塘太大，他们就以长满藻类和有大量蝌蚪游来游去的“儿童水塘”为对象。每个生态实验都是一个暗藏的宏观世界的缩影。生态学家对微观世界（微型世界）不以为然。他们调节自身环境条件，重新规划这个世界生命体的方方面面，然后静观其变。如果一切进展顺利，他们就会根据从中所得所悟，以全新的视角看待这个真实的、完整的世界。蒂尔曼很喜欢在他那块长满草本植物和药用植物的方形土地上工作，研究它们的方方面面和生长动态，同时他也设想自己对这个世界的生命体了解得更加透彻和全面。他在研究物种越多的小块草地是否稳定性越强，使用这些研究结果预测是否整个栖息地或者整个国家拥有的物种越多就会越稳定。尽管第二个问题激发了人们的探究热情，但是最终只有第一个问题能够得到解答。第一个问题涵盖面宽广宏阔，覆盖了整个世界，因此使得第二个问题被搁置一旁，无人问津，更不用说进行深入研究、寻找答案了。然而，值得注意的是，蒂尔曼的每一块土地上或多或少的物种数量都是某个更重要的客体的缩影，比如更大的草原或更大的森林，甚至是一个国家。

进一步说，蒂尔曼的研究，间接地预测了物种多样性程度高的森林，应该不太容易受到灾难性虫害爆发的负面影响。森林的状况应该更稳定，生产力可以保持更高、更平稳的水平，至少日本的温带森林便是如此。[6] 许多国家也从其种类丰富的森林中获得更稳定的收益，比如在水净化、授粉、大气中碳封存等方面。拥有不同类型草原的国家不太容易受到草原吸收空气中碳（有利于减轻气候变化）能力剧变的影响，因此，反而会吸收更多的碳。[7] 令人惊讶的是，这些预测到目前为止几乎没有得到验证，就算有被验证的，其验证的范围通常也都很小，仅限于特定栖息地类型的小块区域内，而不是在州、疆域或国家之间。

蒂尔曼的研究还提出了一个预测，这个预测或许对我们的未来至关重要。蒂尔曼预测：拥有丰富农作物种类的国家不容易受到全国性作物产量下降以及由此引发的所有社会动荡的影响，也就是说，它们具有强大的抵抗力。这种抵抗力和复原能力共同作用，能够保证粮食供应更加稳定。

我们可以根据蒂尔曼实验中的发现重新设想全球农业未来的发展，但是这件事做起来并不轻松。如果有前人研究过作物多样性对整个国家农业产量的影响，那就对此会有所帮助。但截至 2019 年，还没有人研究过这个课题。气候经济学家可能进行过此类研究，他们已经收集了大量关于气候变化对社会影响的数据。但是，所有基于这些数据库进行的研究，比如气候经济学家所罗门・项的研究范围（他的研究在

第五章中有描述）都往往局限于现代社会的组成要素，比如单个的城市、城镇，甚至只是建筑物；或者仅限于古代社会。针对古代社会的研究或许有助于检验作物多样性和其稳定性之间的关系，或者作物多样性和其生存之间的联系。但关于作物多样性的研究数据少之又少。即使有相关数据，这些数据也会受到人们质疑。（我曾经花了整整一个上午的时间分析解答“玛雅人到底有多依赖玉米”这个简单的问题。）而且，对于所罗门·项和其他气候经济学家更加关注的社会来说，气候变化产生的影响似乎与这些社会的各个方面毫无关联。人类社会一而再再而三地遭受气候变化带来的可怕后果。正如我在电话中对所罗门·项所说的：“我们一次又一次地看到，某个社会发达程度达到巅峰，然后遭遇气候剧变、农业崩溃，最终社会消亡，柬埔寨吴哥窟的消逝和中美洲玛雅人的消亡便是如此。”

气候经济学家对古代社会的研究结果不容乐观，而关于位于高密度人口生态位边缘的现代社会的研究也是如此，因为这些人口的生存主要依赖农业。从表面上看，这些关于作物多样性的研究几乎没有什么价值。可能是由于时间久远，我们很难看到古代作物多样性产生的影响。也许物种多样性确实有利于古代社会的发展，并推动它们取得了前所未有的成就。但是，取得的成功最终随着时间的流逝而消失了。因为蒂尔曼从弃耕地的研究中得到了明确结论，所以我们可以忽略过去，只将他的理论应用到今天的现实世界中。我们可以鼓励各个地区、州和国家建立相关制度，以促进多样化作物的种植，确保作物的复原能力，并在此过程中减少农业危机可能带来的饥饿、暴力和不稳定性的风险。从明尼苏达州的小块试验田到世界各地的土地实验，这已经是一个巨大的飞跃。适用于弃耕田的研究方法可能无法适用于所有的地区，更不用说在更大的范围内进行测试了。

值得庆幸的是，在其他人的帮助下，蒂尔曼找到了一种方法可以扩大测试范围。当时在加州大学圣巴巴拉分校进行博士后研究的德尔菲娜·里纳德与蒂尔曼合作实验，旨在全球范围内检验多样性和稳定性假说。里纳德将重点研究世界各地的农作物。

首先，里纳德收集了每个国家种植的作物种类的数据、相对丰富度，更重要的是它们的产量。某一种特定作物的产量与蒂尔曼研究弃耕地植物的生物量时运用的定量指标有关，但又略有不同，因为它只重点研究人类常用作物的特定部位——比如谷穗头、果实或者更为少见的茎秆。正如里纳德所言，任何一个国家的产量计算方法都是该国家所有农作物的总产量（单位：千克）除以其耕地面积（单位：公顷）。其次，她将这些数据转换成一个更直观的度量标准——卡路里，然后绘制了一张图表，图表中列出了各个国家、各个年份的农民种植的卡路里总量，类似于为全世界贴上了营养成分标签。

里纳德除了估算每个国家每年的产量和卡路里总量，还收集了蒂尔曼多年来研究弃耕地相关变量的数据。不过，她并不是在现场收集数据，而是通过国际数据库进行这项工作。她没有清除杂草植物，而是清理了多余或不够准确的数据集。最后，她把50年来（1961年至2010年）91个国家176种作物的数据汇集成册，完成这项工作并非易事，但要比蒂尔曼和他的合作者在锡达克里克进行了几十年的实地调查容易得多，容易到这个工作其实应该一早就完成，但是，没有人想过要这么做。

里纳德的预测是建立在蒂尔曼对弃耕地的预测基础上的。她预测农作物种类更多的国家，在自然环境发生变化时期内农作物损失会更少，也就是说，它们更能抵抗常年气候变化和其他变化带来的负面影响。里纳德预测，这些农作物受损较小，所以每年产量变化不会太大，因此会更加稳定。她除了研究作物多样性，还对可能影响年产量的其他因素进行了探究。一个因素是肥料的使用量，另一个因素是灌溉的范围。她认为化肥的使用可以减缓每年自然条件变化的速度，灌溉也可以起到同样的作用。

在某种程度上，蒂尔曼在研究弃耕地时发现的问题都不是多么大的难题，他操控着整个实验，风险很低。 他的工作和其他生态学家的工作类似，而里纳德的分析则截然不同。干旱一直是世界各国农业发展面临的共同威胁。人类对全球粮食危机有了新的担忧，正如我在第五章中讨论的，在极端气候条件下，暴力行为与由于气候变化导致的作物损失之间关系密切。无论里纳德的研究结论是什么，这都将关系到未来数十亿人的福祉和生存。

里纳德的研究结论异常明确，也着实令人吃惊。为了解释清楚这些理论，我需要先引入另外一个概念，即“均匀度”。假设有一个真实的馅饼，例如，它可能是一个酸橙派，外皮完美，馅料甜而微酸。现在把它切成 10 块，这 10 块馅饼代表了农作物。如果每一块馅饼的大小相同，则它们是均匀的，反之，如果它们大小不一，那么它们就不均匀。那么馅饼切得最不均匀的情况就是有一块馅饼大到几乎是整个馅饼那么大，其余的都是零零星星的小块。里纳德在研究一个国家的作物多样性时，就融入了均匀度的概念。她计算了一种衡量作物多样性的方法，该方法同时考虑到了种植作物的数量和均匀度两个方面，我们将其称为多样性和均匀性指数。里纳德预测若一个国家拥有种类繁多的农作物，并且它们所占的土地比例相对均匀，换言之，当其作物多样性和均匀性指数较高时，这个国家能够更好地应对干旱和其他问题。

首先，不出所料，里纳德的研究结果表明各国应对气候变化的一种方法是灌溉法。以灌溉为主的国家不至于在干旱灾年措手不及。若人们可以根据作物状况和天气的实时数据进行智能灌溉，那么灌溉系统对于农业的发展仍然起着至关重要的作用。采取基于数据分析的浇水技术是世界上最不体面的解决方案，这可能也是我们的祖先对第一个石器工具的看法。

但是，灌溉并不是唯一的重要因素。作物的多样性和均匀度也很重要。那些拥有最多农作物种类和最高作物均匀指数的国家的年产量会更稳定，对负面因素更具抵抗力。例如，作物种类最多的国家减产幅度很少超过 25%，而且也很少出现减产现象，大概每 123 年才减产一次。与此相反，作物多样性和均匀度较低的国家农业产量波动较大，对负面因素的抵抗力较低，因此产量就不够稳定。作物多样性低的国家往往每 8 年出现一次全国产量下降比例超过 25% 以上的情况。重要的是，作物多样性和均匀度较高的国家年产量稳定性较高，根本不会出现平均产量下降的现象。这两个方面指数都比较高的国家的平均产量会更高，而且能够保证产量长期稳定。

我们对于作物多样性、作物抗逆性和稳定性的了解仍然比较匮乏，但是我们可以进行预测。我们无法确定哪一种作物的多样性比其他作物更有优势。然而，蒂尔曼的弃耕地实验和其他诸多研究表明，如果某种作物对最常见的不利条件（如干旱）的抵抗力越强，那么这种抵抗力强的作物就越有可能取代另一种抵抗力差的作物。[8]

我们仍不确定作物物种多样性与这些物种品种多样性之间哪一个

更重要。弄清楚这一点很重要，因为尽管许多国家和地区种植了多种作物，[9] 但其品种的多样性在很大程度上都有所下降。[10] 对于弃耕地的研究表明，在那些特别依赖单一作物的地区，作物品种可能更为重要（例如，撒哈拉以南非洲和热带亚洲的木薯）；然而，当多种作物类型被用作主食或作物主要用于出口时，作物物种的多样性可能更为重要。

目前我们还不清楚多样性是延缓了常年存在的多种环境变化状况，还是仅仅缓和了某些特定的变化。拥有多种作物的国家和地区是否能够减缓降水和温度的逐年变化以及新的害虫和寄生虫的入侵速度（结束人们的逃亡之旅）？蒂尔曼的地块研究表明，答案是肯定的。[11] 当然，还不止这些。

虽然近几十年来，一些地区的作物物种多样性保持稳定，甚至有所增加，但不同国家种植的作物物种和品种比以往任何时候都更加相似。一些国家种植多种农作物，但它们与其他国家种植的作物物种完全相同。[12] 对弃耕地、“儿童池塘”和地球上其他微观世界的研究表明，在这种情况下，每个国家农业的歉年时间可能会同步。我们很难断定，这种情况是否会在全球范围内发生。人们不得不面对这样糟糕的一年，就算种植多种作物的国家其农业也会受到严重打击。这是任何人都不希望看到的，但是如果真的发生了，毫无疑问，里纳德和蒂尔曼就会深入探究这个世界遭受的苦难和重创，寻找真谛，让人类能够在这个地球上繁衍生息，立于不败之地。

我们了解的是在国家范围内多种作物物种产生的影响。想象一下，我们未来会面临好年景和坏年景，还有虽说不常发生但无法避免的干旱、虫害和瘟疫，那么现在我们最好在我们国家的巨大试验田中种植更多样化的农作物。根据其他研究和对农民的了解，我们认为这种影响收成的事情也会在较小的范围内发生。农民可以从种植更多样化的作物中受益。例如，种植多种水稻品种的农田比种植单一品种水稻的农田更能抵御虫害，产量也更稳定。[13] 同样地，随着时间的推移，种植（轮种）更多种类作物的土地也比轮种作物种类较少的土地更耐旱、更稳定。[14] 多样性程度高的土地对农民来说通常更难管理，它有时会带来种植成本和收益方面的更多挑战。然而，气候越多变，作物害虫和寄生虫的出现越异常频繁，物种多样性的重要性就越发明显，成本损失反而变得越发不重要。

乌鸦知道如何在不同的环境和条件下找到不同种类的食物以规避风险，而我们恰恰相反，我们不太喜欢种植和食用过去一度生长良好的作物。但未来的情况已非以往能比。天气将变得更暖和，许多地区会更干燥（尽管其他地区会更潮湿），未来的变数会越来越多。 在未来，我们应该种植各种各样的食物，这样无论我们哪一年会发生大的变动，我们都能有所依靠，生活也会更富足。为了实现这个目标，我们首先需要种植多种多样的作物品种。未来的生存条件越多变、极端，我们需要种植的作物种类就越多。我们应该在农场中种植多样化的作物，同时也需要把种子存储在种子库和其他储存库中。此外，我们还需要保护农作物周围的野生亲缘物种的多样性，这些亲缘关系会有助于人类培育出更多种类的作物，这种影响不只是今天明天，而是数百年、数千年甚至更长的未来。如果我们要通过物种多样性来规避风险，我们就必须保护这些植物和种子，[15] 不过这并不难。

第八章　依赖法则

如果在未来几个世纪后我们能免遭全球社会崩溃的厄运，那就说明我们学会了如何珍惜世间其他的生命，并拥有了洞悉生命真谛的能力；同时也说明了我们终于意识到了其他生灵与人类的命运息息相关。人类与自然之间本就没有界限。我们是自然的一部分，自古以来一直如此。我们的身体——我们的皮肤、肌肉、器官甚至思想——都与大自然密不可分。我们生于大自然，剖宫产就是很好的证明。

剖宫产，也称剖腹产，这种手术历史悠久，据说可以追溯到公元前 300 年，也就是大约 2300 年前。但就像人类的其他发明一样，相对于漫长的生命史而言，剖宫产出现于近代社会。从 2.5 亿年前哺乳动物起源到人类第一次采用剖宫产的这段时期内，我们所有的祖先都是通过阴道顺产出生的。

人类最初采用剖宫产基本都是从已经死去或垂死的母亲身上取出婴儿。例如，孔雀王朝（今印度）第二位皇帝的母亲，在怀孕时服了毒即将死去。据说为了让自己的孩子活下来，她接受了剖宫产手术。于是这个婴儿幸运地活了下来，后来成了皇帝，但他的母亲死了。随后的几个世纪里，大多数剖宫产手术都是在类似的情况下进行的，但并不仅限于皇室贵族。直到 20 世纪初，剖宫产才得以普及，其技术也不断进步，逐渐达到可确保母子平安的水平。

如今，为了挽救婴儿、母亲或是保全母子二人的生命，世界各地每天都会进行剖宫产手术。不过，顺产或是剖宫产都是可以自己选择的。正是因为可以自由选择，剖宫产才变得十分普遍。在 20 世纪 70 年代，美国 5% 的婴儿是通过剖宫产出生的。如今，美国 1/3 的婴儿是通过剖宫产出生的，[1] 另外 2/3 的婴儿则是通过顺产出生的。然后，这两类婴儿按部就班地长大。早在 1987 年，人们就发现剖宫产婴儿与顺产婴儿间存在不同，有时差别还很大，[2] 其中一些差异与他们体内的微生物有关。人体内的微生物是我们身体里与生俱来的一部分，就像蜜蜂是农田的一部分一样。但是，就像蜜蜂可能在农田里失踪一样，我们体内的微生物也可能消失不见，而这可能会产生巨大的影响。

早在一个多世纪前，人类就对人体微生物的重要性有所了解，但我们对人体微生物的了解主要是来自对白蚁的研究。白蚁和人类一样都是群居性动物。它们的社会制度类似人类社会的君主制，既有蚁后又有蚁王。但也不完全相同，因为蚁后要负责生育，确切地说，整个帝国都由蚁后产卵缔造。

人们在 19 世纪后期就已经发现一些白蚁能靠自己肠道内的微生物来消化木材，特别是木质纤维素和半纤维素。美国古生物学和微生物学的鼻祖约瑟夫·莱迪发现了一种新的白蚁——北美散白蚁，这种白蚁在北美大部分地区都很常见。他一直在观察它们“顺着石头下的通道爬来爬去”，他“想知道在这种情况下它们会吃什么食物”。于是他在显微镜下解剖了一只白蚁的肠子。他这样描述自己的观察结果：

“我看到一些棕色物质……在小肠里……后来经证实那是半流质食物；但我没想到里面有无数的寄生虫，而且这些寄生虫数量远远超过白蚁吃下的食物。”经过反复检查，莱迪发现所有的白蚁体内都藏着这些寄生虫，无论是数量、种类还是形态，都很惊人。

莱迪知道这些寄生虫对白蚁可能是有益的。他觉得这些寄生虫很美，还和妻子将它们画了下来，画中尽显喜爱之情。莱迪还认为，许多动物体内可能和白蚁一样有其他物种寄居，他甚至说：“有些动物经常被各种各样的寄生虫寄生，这似乎是常态。”[3]

如今看来，我们可以断定白蚁是由一种古老的蟑螂进化而来。据推测，它们的祖先是一种住在木头里的古老的蟑螂。进化后的第一批白蚁还是住在木头里，以啃食木头为生。白蚁之所以能破坏木头，靠的是肠道里一种被称为原生生物的单细胞生物。这些单细胞生物替白蚁完成了自身无法做到的消化过程，也排泄出白蚁体内更容易消化的化合物。

从微生物（原生生物以及细菌等其他种类的有机体）的角度来看，白蚁为它们提供了住处、交通工具以及食物，仿佛一个餐车加民宿的豪华套餐。它们跟着白蚁在各地辗转，还能一直靠白蚁咀嚼过的食物存活。微生物是白蚁必不可少的一部分。如果没有这些微生物，白蚁就不能啃食木头；没有这些微生物，白蚁不过是一群子孙满堂的蟑螂；没有能干的微生物，白蚁就会饿死。因此，白蚁必然拥有一种可靠的方法来获取它们所需的微生物。

研究人员一旦确定白蚁的存活依赖特定的微生物，他们自然很快就能找到幼蚁获取这些微生物的方法。这个问题没有看起来那么简单，因为白蚁的一生不止经历一次孵化蜕皮。白蚁从蚁后的卵中孵化出来后会经历一次蜕皮。它们原有的外骨骼变得灰暗又变得透明，然后它们沿着缝隙顶开旧的躯壳，从里面挣脱出来。白蚁经历一次又一次地蜕皮，但不是从毛虫变成蝴蝶，而是从幼蚁变为成年白蚁。每次蜕皮都是一次重生。问题是在每次蜕皮重生之前，白蚁体内的微生物都会先脱落，因此蜕皮后白蚁必须重新寻找自己需要的微生物。

这些微生物在白蚁体内已然形成了一个微型的生态系统，为了正常生活，白蚁之间会分享体内的微生物。体内含有微生物的白蚁会将自己体内的微生物排泄出来，缺乏微生物的白蚁通过吸食它们的后肠道液（一种特殊的富含微生物的粪便液体）获得补给。倘若蚁群规模不大，这种特殊的补给就由蚁王和蚁后完成。这种肛道交哺（proctodeal feeding，proctodeal 源自拉丁语，procto 意为“肛门”，odeal 意为“嘴”）似乎有些恶心。然而，正是这种恶心的传统习性维系了白蚁社会，让它们可以消化食物，否则它们就算面对食物也无能为力。这种补给方式就是进化生物学家所说的垂直遗传，不过稍微复杂一点。白蚁直接遗传父辈的基因（父母把基因传给它们，然后它们再把这些基因传给自己的后代）。与垂直遗传相对的是水平遗传。在水平遗传中，动物从周围环境或非家族成员的其他个体身上获得微生物（或基因，这不是此处讨论的重点）。人们认为，白蚁与蟑螂不同，它们最初之所以能群居，部分原因要归结于它们具有传播微生物的能力和需求。白蚁需要和其他白蚁聚居才能重获自己所需的微生物，哪怕年纪大了也是如此。因此，它们需要抱团生活，形成一个大家庭，一个群落，乃至一个王国。但是尽管人们早就知道白蚁和白蚁群居性对特定微生物存在依赖性，却丝毫没有意识到这一法则同样适用于人类。

我们不该忽视人类对微生物的依赖性。与白蚁相比，人类生存对微生物的依赖性不算大，但也不小。我们依赖微生物来强化免疫、消化食物、获取维生素、抵御寄生虫，其作用不一而足。我们体内的微生物细胞比人体细胞还多。那么令人不解的是，人类或其他灵长类动物又是如何获取微生物的呢?

关于人类体内微生物来自何处，我们从野生灵长类动物（如黑猩猩或狒狒）微生物群落的研究中发现了一个线索。我和合作伙伴们研究了非洲32个不同野生黑猩猩种群的微生物群落，德国莱比锡马克斯·普朗克演化人类学研究所的泛非黑猩猩项目，对我们此项工作提供了不小的帮助，我在此表示感谢。他们用摄像机记录黑猩猩的行为，一旦黑猩猩离开架设摄像机的地方，研究人员就会过去收集它们的粪便。最终，经过一系列交涉和后续步骤，我的实验室最终获得了从这些样本中分离出来的DNA（我们后来将这些样本交付给了另一个实验室）。我们发现黑猩猩粪便中的微生物种类与黑猩猩所属的群体和谱系有一定的关联性，而且它们所属的群体相距越远，粪便中的微生物的差异也就越大。虽然所属群体和地理位置并不是影响这些微生物的唯一因素，但黑猩猩的所属群体似乎起到了主导作用。我们的研究结果与我的合作伙伴、来自圣母大学的贝丝·阿奇教授的研究结果非常相似。贝丝团队研究了肯尼亚安波塞利国家公园周边的48只狒狒，他们发现不同群体的狒狒具有不同的微生物特征（这与我们对黑猩猩的研究结果一致）；而且即使在群体内部，互动更频繁的个体间共享的微生物也更多。[4]

黑猩猩和狒狒群体微生物的相似性中有两点非常有趣。其一在于这种相似性为群体中的个体提供了潜在的优势。如果一只黑猩猩或狒狒获得了其社会群体共有的微生物，那么它们也就更有可能获得能使它们适应其社会群体的饮食习惯、生存环境甚至遗传基因的微生物。正如贝丝·阿奇所言，此时这只狒狒体内的微生物即使不能完全适应当地环境，其适配度也绝对比远隔千里的狒狒群体携带的微生物更高。[5]

其二是关于灵长类动物群内部微生物的相似程度与最初获取微生物的方式有关。获取方式可能是食物分享、梳洗等社会性互动，或是像白蚁一样互食粪便。小黑猩猩和小狒狒也可能在它们刚出生，一切都乱哄哄的时候就获取了微生物。若真是如此，小黑猩猩和小狒狒体内的微生物种类与母亲（而非父亲或其他群体成员）体内的微生物种类更为相似。

很长一段时期，古人类就像现代狒狒和黑猩猩一样生活，所以我们的祖先获取微生物的方式很可能与现代狒狒和黑猩猩一样。这样的话，对人类微生物群落的研究或许不仅有益于研究人类自身，也有助于进一步研究灵长类动物获取微生物的途径（其他灵长类动物的获取方式也可能与人类不同）。我们可以对人体微生物做出预测，并就这些预测进行测试。如果人体微生物是人类出生后在社会大环境中获取的，有着多种来源，那么任何婴儿（或成人）体内的微生物应该与出生、早期饮食、社交网络等细节有着千丝万缕的联系。这样的话，想要进行预测就会很困难。如果人体微生物是人类在出生时获得的，那么顺产婴儿身上的微生物应该与他们所在社会群体的微生物更为相匹配，尤其是与他们母亲的微生物更为相匹配；剖宫产婴儿身上可能会有其他来源的微生物，这些微生物也更容易变异。

最近，玛丽亚·格洛丽亚·多明格斯－贝洛进行了一项著名的研究，她对顺产婴儿与剖宫产婴儿体内微生物的差异性进行了研究。多明格斯－贝洛在委内瑞拉长大，之后在苏格兰攻读博士学位。后来她回到委内瑞拉，在委内瑞拉科学研究所工作。在那里，多明格斯－贝洛花了 10 多年的时间研究动物内脏中的微生物。在她刚踏入这个领域时，业内大多数关于脊椎动物肠道微生物的研究都集中在家畜身上，多明格斯 - 贝洛的一些研究也与家畜有关。她的研究对象是牛和羊，更确切地说，是牛和羊身上的寄生虫。但她同时也开始研究其他物种，如委内瑞拉森林里野生动物的内脏。她的研究对象有三趾树懒、龟蚁、水豚、各种小型啮齿动物和麝雉，她对麝雉的研究尤为深入细致。她的研究项目旨在探究世上常被忽略的微小的生命形式及其能力，在研究中她有了诸多神奇的发现。在她的调研中，没有哪种动物的肠道里是不存在寄生虫的，但偏偏是麝雉让她关注了近十年。

麝雉是生活在南美洲热带地区的一种鸟类。它们头上有尖尖的羽冠，长着红红的眼睛，外圈涂着蓝色的眼影，黄色的尾巴尖，翅膀边沿覆着酒红色羽毛。它们打扮时尚，颇具摇滚范儿（见图 8.1)。但这副惹眼的外貌并非它们的最不寻常之处。麝雉最独特之处在于它们的食物以叶子为主，这和大多数鸟类不同。它们进化出了一种特殊的肠道来分解叶子。麝雉的肠道里充满了微生物，它们利用这些微生物来分解叶子中的物质（和白蚁一样)，同时将这些物质中的毒素排出体外。多明格斯 - 贝洛在 20 世纪 80 年代末开始研究麝雉，当时她还在攻读博士学位。她和自己的学生、研究伙伴随后发表了十几篇论文（甚至更多)，论文都是以麝雉及其肠道内的独特生态为研究主题的。她开始像别人研究脊椎动物的肠道生态一样，研究麝雉的肠道生态。

原本多明格斯 - 贝洛的职业生涯可能会这样一直继续下去，慢慢揭开大自然的神秘面纱，让世人看到农场和雨林中的动物肠道里的奇迹。但后来乌戈 · 查韦斯执掌委内瑞拉政权，他执政期间政局不稳，从而影响了多明格斯 - 贝洛的日常生活和科学研究的进展。于是多明

图 8.1　一只落在树枝上的麝雉，它的肠道内可能全是难以消化的植物纤维和能够促进这些植物新陈代谢的各种细菌。图片由法比安·米开朗基利拍摄。

格斯 - 贝洛离开了委内瑞拉，来到波多黎各大学任职（波多黎各大学位于一个远离委内瑞拉的偏僻小岛上），她需要选择新的研究方向，于是她决定对人类的肠道进行细致的研究。她以前就研究过人类的肠道，其研究团队率先证明了胃部细菌幽门螺杆菌是第一批美洲原住民从亚洲带到美洲的。（美洲原住民在逃往美洲时摆脱了一些寄生虫和其他疾病，但这是个例外。）而现在，她将更多精力放在人类身上，同时也在继续一些研究麝雉的项目。正是在这个转型期，多明格斯 - 贝洛开始思考人类婴儿获取所需微生物的途径。

最终，多明格斯 - 贝洛以波多黎各为研究基地，开始规划自己的研究方向，旨在详细了解脊椎动物幼崽如何获得自身必需的微生物。她规划了两个研究方向。第一个方向是继续研究她的心头所爱——麝雉，但这不是主要的研究项目。在与菲利帕·戈多伊·维托里诺的合作项目中，多明格斯 - 贝洛把不同年龄的麝雉雏鸟及雏鸟妈妈的嗉囊中发现的微生物进行了对比。她的研究证明，麝雉和白蚁一样都会将这些宝贵的微生物彼此分享，代代相传。麝雉妈妈从嗉囊里反刍食物喂养宝宝，这些食物里就含有麝雉妈妈身上的部分微生物。但麝雉雏鸟在成长过程中似乎也从食物中获取了额外的微生物——它们吃的叶子表面就有微生物；随着时间的推移，这些微生物在它们的肠道里大肆繁衍。[6] 多明格斯-贝洛的第二个研究方向与麝雉无关，而是关于人类。

多明格斯-贝洛决定研究人类母亲和她们刚出生的孩子，通过比较顺产婴儿和剖宫产婴儿体内的微生物，专门研究婴儿体内的微生物与自己母亲的匹配度有多大。她设想分娩本身就是微生物传播的关键环节，也许顺产婴儿往往会从母亲的阴道、皮肤，或者从母亲分娩时排出的粪便中获得必要的微生物。早在1885年就有研究指出，婴儿在顺产过程中会摄入和吸入一些微生物。或者这些微生物也可能“寄存”（这是科学家用的说法）在婴儿的肛门上。[7] 这些寄存在婴儿肛门上的微生物可能来自母亲。此外，新生儿有可能从周围环境中包括助产的人身上获取额外的（大多数情况下微量的）微生物。科学家们熟知这些过程，却不清楚其重要性。他们并不了解这是否对婴儿获取健康成长所需的微生物至关重要。多明格斯-贝洛想研究人类身上的微生物和人类出生之间的关系，这必然需要从长计议。但相比研究麝雉，与人类共事需要做更多的打算，因此这个项目仍然处于计划阶段。然而一次飞机晚点却意外成了多明格斯-贝洛的研究契机。

在完成了在委内瑞拉亚马孙州的实地研究后，多明格斯-贝洛需要等待直升机来接自己。然而几天过去了，几个星期过去了，直升机还是没有来。她决定利用这段时间研究剖宫产婴儿和顺产婴儿。研究所需的许可证明已经在她主持的另一项研究里获得，她只需要再申请阿亚库齐港当地医院的许可证明就行。很快她就拿到了医院的许可文件。许可文件在手，可是直升机还没踪影，多明格斯 - 贝洛便开始招募具有母亲身份的志愿者，她的团队不仅从这些妈妈志愿者的身上采集微生物，还采集了她们刚出生的孩子身上的微生物。在整项研究中，招募志愿者这项工作最为困难，而且检测个体样本中存在的微生物也耗资巨大。因此，多明格斯 - 贝洛团队决定将研究样本减少到 4 个顺产婴儿和 6 个剖宫产婴儿。研究人员从这些婴儿的母亲身上提取了皮肤微生物、口腔微生物和阴道微生物的拭子，从新生儿身上采集了皮肤、口腔、鼻腔和粪便微生物样本。[8]

多明格斯 - 贝洛和其研究团队确定了拭子上的微生物种类后，发现顺产婴儿往往携带阴道微生物群落。更重要的是，新生儿的微生物往往与其母亲身上的微生物相匹配。有两位母亲的阴道微生物群落以乳酸杆菌为主，她们的孩子也是如此；一位母亲的阴道微生物群落中含有更多的普雷沃氏菌（通常也存在于肠道中），她的孩子也是如此；第四位母亲的肠道微生物来自许多不同的谱系，她的孩子也是如此。这与白蚁、麝雉，乃至自然界中其他生物的情况一致。

但多明格斯 - 贝洛在剖宫产婴儿身上发现了不同的情况，剖宫产婴儿携带的微生物与顺产婴儿明显不同。他们携带的微生物往往出现在人类的体表，而非体内。此外，这些微生物也没有母婴传播的特征。它们不仅不属于新生儿的母亲或其家庭成员，在某些情况下，这些微生物通常不会在人类体表外或体内出现。不过随后的研究表明，这些剖宫产婴儿身上的微生物是一样的。

多明格斯 - 贝洛对新生儿微生物的初步研究只涉及了少数样本，类似于莱迪早期对于白蚁的研究，多明格斯 - 贝洛的研究经历是由好奇心和奇迹驱动写就的自然史，而这一自然史将有助于引领新生儿微生物研究进入主流领域。一位麝雉生物学家提醒我们，从医学角度看，人类不该将自身与蒙田所说的“所有其他生物”区别开来。[9]我们与其他生物之间存在着两种联系：其一，人类与其他动物（如白蚁和麝雉）间的相似性远超我们的想象；其二，如果人类忽略了自身对其他物种（包括微生物等）的依赖，那么人类就不可能拥有健康的生活。

随后的研究进一步完善了多明格斯-贝洛关于母婴的第一篇论文中的结论。我们现在知道，她大部分的研究结果颇具普遍性。一般来说，顺产婴儿往往会从母亲那里获得微生物，这有助于顺产婴儿体内产生健康的肠道微生物群；而剖宫产婴儿通过其他途径获取肠道微生物群，极有可能会出现菌群失调现象。菌群失调指的是某种肠道生态群落崩溃，会产生多种负面影响。后来有研究转变了我们对以下问题的看法：母亲传给婴儿的微生物有多少是通过阴道本身传播的，又有多少是通过分娩时排出的粪便传播的。马萨诸塞州总医院的卡罗琳·米切尔进行的一项研究发现，几乎没有什么证据能够证明婴儿在分娩时从母亲那里获得了粪便微生物。米切尔指出，婴儿在出生期间获得了什么微生物，其关键因素可能不单单在于他们获取了这些微生物，而且还在于这些微生物的数量巨大，竞争力远超其他微生物。这一说法令人信服。[10]此外，还有研究表明，其他可能影响微生物获取或生命后期微生物组成的因素也会对婴儿的微生物群落产生影响。这其中就包括母乳喂养，母乳喂养似乎有助于维持婴儿从母体获得的微生物，甚至获得所有有益于健康的人类微生物群落；还有抗生素的使用也会影响微生物的获得。无论是对分娩前的母亲还是新生儿而言，使用抗生素往往会破坏微生物群落的稳定性，让一些不利于人体健康的微生物得以定植。这会持续影响人类的整个婴儿期，甚至成年期。

我们还了解到剖宫产婴儿最初携带的大量微生物的主要来源：母亲、护士和医生的皮肤、空气以及婴儿出生时的病房环境。这里说的微生物包括不寻常的微生物，比如可能导致疾病的细菌和具有抗生素耐药性基因的细菌。更重要的是，科学家们也弄清楚了为什么有些剖宫产婴儿有正常的肠道微生物，而有的则没有。一些剖宫产婴儿偶然间从所处环境中的其他地方摄入了粪便微生物，比如从小狗身上[11]，从土壤中，或是其他可能存在微生物的地方。在这个过程中，他们获得了自身所需的微生物。但这种偶然的摄入有一定的限制，至少对人类而言是这样。随着年龄增长，人类越来越难获得新的肠道微生物，原因有两个：其一是因为新的微生物都必须与肠道内已存在的微生物竞争；其二是因为人类刚出生时胃的酸碱度是中性的，出生一年后胃中酸性越来越强（酸度和红头美洲鹫的胃酸相当）。[12]此外，新生儿获得健康的微生物群落的时间越晚，那么在刚出生后关键的几周、几个月和几年的发育中拥有自己所需的微生物群落的可能性就越小。

迄今为止，有数十个团队跟随多明格斯－贝洛的脚步进行了后续研究，他们得出的结论虽然和贝洛在细节上有所出入，但至少在五个方面他们的观点是一致的：

1. 顺产婴儿会从母亲那里获得多种附着在其皮肤、阴道和粪便的微生物。有时，寄生在顺产婴儿身上的微生物与其母亲身上的微生物几乎完全匹配。在其他情况下，匹配度就没那么高了。例如，卡罗琳·米切尔的研究团队发现，在9组研究对象中，有8组母子的拟杆菌菌株完全匹配。而拟杆菌是人类肠道微生物群落的主要组成部分。

2. 剖宫产婴儿往往会从医院病房和病房里的物品表面获得自己的第一个肠道、皮肤和其他微生物群落。

3. 其他微生物会在两种婴儿（即剖宫产婴儿和顺产婴儿）一两岁时陆陆续续地在他们的肠道内形成，这一过程涉及一系列的微生物演替，同时微生物的种类也在逐渐增加，这主要根据婴儿的饮食安排而定。

4. 婴儿在医院病房获取的微生物对于其健康成长的作用远不如从母亲那里获取的微生物。

5. 剖宫产婴儿如果接触到了母亲的阴道或粪便微生物，就能获得有益的肠道微生物群落，这些微生物的作用不亚于顺产婴儿获得的微生物群落。

那么如果婴儿通过剖宫产出生，却没有接触到母亲身上的微生物，他们会面临哪些问题呢？答案是他们可能会出现由于缺乏所需微生物而导致的各种健康问题，包括易患各种非传染性疾病，如过敏、哮喘、腹腔疾病、肥胖、青少年糖尿病和高血压。[13] 剖宫产婴儿患各种感染的风险也很可能增加（尽管尚未测试过），一方面是因为他们体内的微生物无法保护他们免受寄生虫的感染，另一方面是因为他们出生时获得的一些微生物本身就是寄生虫。

类似的问题五花八门，一部分原因是人类肠道和体表微生物的特性几乎影响了人体正常运行的方方面面。微生物并不是打开身体这一把锁的钥匙，这是一个错误的类比。身体并不是一把锁，而是成百上千把锁，微生物与我们身体相互作用的方式和环境有数百种，甚至数千种。每种微生物或许不止发挥一种功能，因此不仅仅适配一把锁；某一个功能也可能并非某种微生物独有。至于哪把微生物钥匙适合哪把锁，则取决于人们体表和体内存在着哪些其他微生物。如上所述，这是一个非常复杂的问题。但不得不说，人类实在太天真了。我们从未详细研究过大多数生活在人体内或体表的微生物，尽管它们已经在我们的体内、体表或身边存活了数百万年。我们对微生物的认识还处于初级阶段，因此要弄清楚问题的关键所在并不容易。

人类的生存繁衍依赖于成百上千个物种。所有动物都依赖于其他物种，人类也不例外。这就是依赖法则。但是动物同样需要一定的途径找到自己赖以生存的物种，尤其是那些微生物。对某些动物来说，它们平常遇到的微生物可能就足以满足其生存的需要。例如，生态学家托宾·哈默指出，毛毛虫肠道中的微生物往往是毛毛虫从吃的植物中摄取的。同样，狒狒在出生后从同类那里获得肠道微生物的能力似乎胜于人类。但对许多动物来说，从周围环境中得到的微生物远远无法满足其生存需求，所以微生物遗传很有必要。

即使在需要不断补充微生物的环境下，白蚁也能进行微生物垂直遗传。即使母蚁不在幼蚁身边，近亲也会跟它分享家族携带的微生物，因此，白蚁永远不会孤单。许多动物也进化出了特殊的本领，随身携带自己依赖的微生物。一些甲虫在自己的体表进化出了特殊的微生物“口袋”。切叶蚁把所需的真菌装在一个小袋子里，这个袋子长在切叶蚁的下巴下面（如果它们管那个叫下巴的话）。有些昆虫物种（真的，好多物种）在确保必要的微生物能遗传给自己的后代这一方面走在了前列。木匠蚁就是由母亲将细菌传给女儿，从而产生它们所需的一些维生素，代代如此。在这些细菌中，至少有一种被储存在木匠蚁肠道里的特殊的细胞中，被它们的身体吸收。幼蚁在卵内就能够获得这种细菌。[14] 虽然这种细菌是蚂蚁身体的一部分，也是蚂蚁卵的一部分，但是它仍然是独立存在的个体。适合蚂蚁生存的温度对于细菌来说太高，在这种情况下细菌就会被杀死。[15] 再过一段时间，蚂蚁会由于自身组织已不完整，慢慢死去。

思及未来，我们面临的一大挑战就是要想办法把人类依赖的物种传给下一代。不过这里所说的物种不仅限于人体微生物。母婴遗传的微生物只是其中的一小部分，我们依赖的物种种类繁多，远远不止这些。巴里·洛佩兹曾这样描写狼："它的生命与它每天穿行其间的森林密切相连，仿佛若隐若现的细线将它们绑在一起。"[16] 我们与世界上的许多生物都有千丝万缕的联系，我们在这个生物世界里集体迁徙。为了与现实情景形成鲜明对比，我们来设想一个极端环境情景。假设人类真的能够进行火星殖民。在关于火星殖民的讨论中，人们主要提出了两种可能性：一是在火星上建一个巨大的空间站；二是在火星上定居，利用各种各样的微生物，按照地球的大气层再造火星的大气层。对于人类来说，完成这两项工作就算达不到涅槃重生的高度，至少也是羽化成蝶的难度。我的意思是，这两种方案都需要我们同时带着人类赖以生存的物种。地球上的其他物种都未面临过如此艰巨的任务。每当切叶蚁群的蚁后要开辟一片新的家园，它都会带着之前的菌种，然后它的后代将在它们从植物上割下来的叶子上培育真菌。蚁后不用带走那些为培育真菌提供碎叶的植物，但我们需要随身携带这些植物物种，而且不止如此。

我们要去火星的话，需要携带能够分解人类排泄物和（我们建造在火星上的）工厂产生的工业废物的微生物。目前，在国际空间站上还做不到这一点。宇航员需要打包他们的排泄物和其他废物并带回地球，就像一群自觉的露营者。我们需要携带必需的物种来制作食物。每人每年要吃掉几百甚至几千个物种，而人类每年总共消耗了成千上万甚至更多的物种和品种（例如，斯瓦尔巴全球种子库储存了近100万种作物种子）。此外，这些作物还依赖它们叶子和根部上的微生物才能存活。许多作物（也许大多数作物都是如此）如果离开了所需的微生物就无法茁壮成长。我们希望地球上的作物寄生虫和害虫不要来祸害火星，但是这可能是痴心妄想。如果那些害虫和寄生虫被带到了火星，我们必须要控制住它们。至少在地球上，最好的控制手段就是找到它们的天敌，这样的例子不胜枚举。但是，还有其他问题需要考虑。

我们能预知自己目前的需求，但无法预知自己对未来的需求。因此，最好的方法是保留（并随身携带）我们可能需要的所有物种。近藤麻理惠（日本整理师，代表作《怦然心动的人生整理魔法》）可能会建议我们保持室内整洁，少放一些东西。但她也只是从生活的角度提供了一些关于我们个人住房的建议。我们需要考虑这个世界更长远的未来。为此，我们需要保留那些我们现在需要的物种，以及那些我们将来可能需要的物种。这是我们面对的终极挑战。白蚁将其仅有的珍贵的原生生物和细菌代代相传。我们必须保护所有的物种，无论是目前需要的物种（我们对这些物种的了解还不够多，因此无法一一列出）、未来短期内需要的物种，还是在遥远的将来可能需要的物种。[17]

第九章　受损系统和机器授粉蜜蜂

我和妻子还在康涅狄格大学读研究生时，日子过得比较节俭。我们分别在尼加拉瓜和玻利维亚进行项目研究，多余的钱都花在了买机票上。所以家里的吸尘器坏了，我就自己修。从表面上看，这个办法很省钱。我毫不费力地把真空吸尘器拆开，也找到了出问题的地方。可就在快要修好的时候，我又弄坏了另一个部件。好在我们当时住在康涅狄格州的威廉曼蒂克，那里有一家卖吸尘器零件的修理店。我去买了零件然后返回家中，但即使零件在手，我也无法把真空吸尘器重新组装起来。我尝试着把吸尘器组装好，但没有成功，因为吸尘器启动后听起来像垃圾处理器一样。我只能放弃，把吸尘器拆开，装在桶里拎去修理店。店主朝桶里看了看，语气平淡地说："只有傻子才会觉得这些东西还能装回去。"为了挽回面子，我把这桩蠢事推到了邻居身上。修理店的老板对我说："告诉你的邻居，重组可不像把东西弄坏那么容易。"他好像还补充了一句："不是行家就更别这么干了。"后来我只好买了一个新的吸尘器。

搞破坏比重组或重建更容易，吸尘器是这样，生态系统也是这样。这是一个非常简单的道理，几乎算不上规律，更不用说法则了。它比物种面积定律更容易理解，不像欧文定律那样直接影响我们对生命的理解，也不具有依赖法则那样的普遍性，但却可以造成严重的后果。下面我就以自来水为例展开来谈。

在脊椎动物上岸生活的前3亿年里，它们饮用河流、池塘、湖泊和泉流中的水。大多数时候它们饮用的水是安全的，但是也有例外。例如，海狸坝下游的水常含有寄生的梨形鞭毛虫。这种寄生虫一般生活在海狸的身体里，在不知不觉中被海狸带入水中，也就是说，海狸污染了自己管控的水系统。[1]但只要你不喝海狸住处下游的水就没问题，因为在大多数情况下，我们的水里寄生虫很少，不会引起太多健康问题。后来，随着人类在美索不达米亚和其他地方定居并形成大型社群，他们开始污染自己身边的水系统，污染源要么是人类的粪便，要么是他们养的牛、山羊、绵羊的粪便。

在那些早期的定居点中，人类“破坏”了他们长期依赖的供水系统。后来文化转型促进了大城市中心（如美索不达米亚）的形成，在此之前水中的寄生虫要么在与其他生物的竞争中被淘汰，要么成为更大型生物的猎物。大多数寄生虫被冲到下游，它们在下游被冲散、晒干、淘汰、吃掉。这样的事情不仅发生在湖泊和河流中，也发生在地下，因为水从土壤中渗出，然后进入深层含水层（长期以来人们一直在这些含水层中打井）。终于，随着人口增长，水中的寄生虫数量超出了自然系统的控制范围。水被寄生虫污染，之后人们每喝一口水都会摄入寄生虫，天然的水系统已遭到破坏。

最初，人类社会以两种方式中的一种来应对这种破坏。早在人类知道微生物存在之前，就有部分社会群体发现粪便污染和疾病之间存在联系，并寻求防止污染的方法。许多地方选择从更偏远的地区调水到城市，或采取一些更复杂的粪便处理方法，比如早在古代美索不达米亚就出现了厕所。当时人们认为恶魔栖息在这些厕所内，这也许预示着人们知道粪口传播寄生虫可能是微生物恶魔（然而，也有一些迹象表明，有些人更喜欢在露天处排泄）。[2]然而，就算有人找到了方法成功控制粪口传播寄生虫，无论是什么方法，都不过是个例。人们遭受疾病困扰却永远不知道其原因，这种现象在不同地区和文化中持续了数千年（从大约公元前4000年持续到公元1900年之前），直到伦敦暴发霍乱，人们才知道疾病和遭受污染的水源有关。即便如此，这一发现最初仍受到质疑（世界上大部分人口仍然面临粪口传播寄生虫这一问题），人们经过数十年才完成了对这场污染的罪魁祸首（霍乱弧菌）的观察、命名和研究。

一旦确定粪便污染会导致疾病，人们便开始采取应对措施，停止向饮用水源的位置排放粪便。例如，伦敦居民将废弃物与饮用水分流。如果人类一度因自己的聪明才智得意扬扬时，请记住这个故事以及其最关键的一点——也就是说，直到人类最早的城市建立大约9000年后，人类才发现饮用水中的粪便会致病。

一些地区对城市周围的自然生态系统采取了保护措施，那里的森林、湖泊和地下蓄水层中天然的生态系统有助于控制水中的寄生虫。当地的社群保护了生态学家所说的流域中的自然生态系统。流域是水在流向某处时经过的土地区域。在自然流域中，水顺着树干流下，流过树叶，进入土壤里、岩石间，或是顺着河流流入湖泊和蓄水层。有些地区对于流域的保护纯属无心插柳，这是由城市发展特点决定的。另有一些地区的保护工作则得益于城市和供水管道之间相距较远。从本质上来看，远离城市的流域相对安全。还有一些地区之所以能成功保护流域是因为该地区投资开发了许多项目以保护城市周围的森林。

纽约市就是这种情况。[3] 在以上所述的情况下，人们一直受益于自然本身对于寄生虫的控制能力，却身在福中不知福。

幸运的是，在少数地区，大自然的自我调节能力仍然完好无损，基本能够确保饮用水中不含寄生虫。然而更常见的情况是，城市依赖的水系统没有得到充分保护，或污染的规模和自然水系统的破坏过大，单靠森林、河流和湖泊保护项目也无法挽回。从自然控制寄生虫能力的角度来看，人口增长和城市化的“大加速”“破坏”了许多河流、池塘和含水层。各个城市供水系统的负责人不约而同地决定对供水系统进行大规模的净水处理，以便向城市居民提供无寄生虫的饮用水。

20 世纪初，水处理设施开始运作。水处理设施采用了各种技术模拟自然水体的流动过程，但这种模拟不够细致准确。水处理设施用过滤器实现水流穿过沙子和岩石缓慢移动的过程，用氯等杀菌剂减少了河流、湖泊和含水层中发生的竞争和捕食行为。这样一来，当水流到人们家中时，寄生虫就会消亡殆尽，大部分的氯也会蒸发掉。这一方法拯救了数百万人的生命，也是世界大多数地区如今唯一可行的方法。许多供水系统，尤其是城市供水系统，现在污染严重，未经处理的水已经不适合直接饮用。在这种情况下，我们别无选择，只有对水进行处理才能得到安全的饮用水。

我的伙伴诺亚·菲勒带领一个大规模团队（我也在其中）从事一个研究项目，即对比分析来自未经处理的天然含水层（如自家打的水井）的自来水中所含的微生物和经过净水设施处理后的水中所含的微生物。我们重点研究非结核分枝杆菌。顾名思义，这些细菌与引起结核病的细菌相似，和引起麻风病的细菌也是近亲。它们没有那些寄生虫那么危险，但也非善类。在美国等少数国家，非结核分枝杆菌导致的肺部问题甚至死亡病例越来越多。研究小组想知道这些细菌来自何种水源，是来自污水处理厂、天然水井，还是其他未经处理的水源。

我们的研究从观察淋浴喷头——这些微生物经常聚集出现的地方——展开。通过研究淋浴喷头中的微生物，我们发现非结核分枝杆菌在天然溪流或湖泊，哪怕是被人类排泄物污染的溪流和湖泊中都不常见，反而在水处理厂的水中更为常见，尤其是那些为了防止水运输到人们家中时含有寄生虫而经过杀菌并含有残留氯（或氯胺）的水。一般来说，水中的氯含量越高，非结核分枝杆菌就越多。我重复一遍，大家听清楚：在经过杀菌处理的水中，这些寄生虫反而更多。[4]

当我们对水进行氯化处理或使用其他类似的杀菌剂时，我们会制造出一个对许多微生物（包括许多粪口传播寄生虫）有毒的环境。这个过程挽救了数百万人的生命，却也同样庇护了另一种寄生虫，即非结核分枝杆菌。事实证明，非结核分枝杆菌对氯的抵抗力相对较强。[5]因此，氯化为非结核分枝杆菌的繁衍创造了条件。[6]作为自然的一分子，我们将自然生态系统拆解又重组，这个操作无疑比我重组真空吸尘器聪明得多，却也有缺陷。研究人员在研究更智能的水处理设备，也在寻找去除水系统中的非结核分枝杆菌的方法。同时，有些城市对森林和水系统及其自我调节能力保护项目进行投资，从而减少了（或完全不使用）对水的过滤和氯化的依赖。他们目前的状况令人羡慕，他们家里的自来水和淋浴喷头中几乎没有非结核分枝杆菌。我们可以说，他们要解决的问题少了一个。

数亿年来，动物依靠自然的自我调节能力来减少水中的寄生虫数量。由于人类大量排放自身的排泄物，水生生态系统无法自我调节，于是我们发明了水处理厂来代替水生生态系统的自然调节。尽管我们在这个水处理系统的建设上投资巨大，但其效果却远不如水生生态系统，显然在重建过程中我们遗漏了某些细节。这个问题在一定程度上关乎规模（“大加速”发展导致全球人类产生的粪便量也在加速增多），但也关乎我们的知识水平。我们还不清楚森林生态系统是如何发挥作用的，比如它们是如何控制寄生虫种群数量的。我们也没弄清它们进行自然调节的时间段。因此，当我们为这些生态系统设计建造一些简单的替代品时，难免会犯错误。

值得注意的是，我并不是说拯救自然必然比重建自然耗资更少。很多文章都研究过这类经济问题，对以下方面进行衡量，比如：(1) 保护流域的成本；(2) 该流域自然调节能力的净值；(3) 与依赖水处理设施而非保护流域相关的负面的长期“经济外部效应”。外部效应是资本主义经济往往忽略不计的成本，如污染和碳排放。在某些情况下(实际上是很多情况下)，自然生态系统提供的生态系统服务比其替代品更经济、高效；而其他情况下，则正好相反。但这不是我想说的。

我想说的是，即使是在这种情况下，最佳（无论以何种标准衡量）解决方案就是用技术代替正常运转的自然生态系统，但这样造出的自然系统的复制品仍然是不健全的，就算它们运作起来“像”自然系统，但终归不是自然系统。

在供水系统方面，许多城市除了着手对水进行过滤和氯化处理，几乎别无选择。环顾四周，我们就会发现其实有许多新的途径可以用来尝试重建生态系统，我们还有很多机会和选择。北美（和其他地方）的作物授粉就是一个典型的例子。北美大约有 4000 种本土蜜蜂。数百万年来，这些蜜蜂为成千上万种植物授粉。后来为了提高粮食单位产量，人类试图重建农场和果园。而在这个过程中发生了一些糟糕的事情，对本土蜜蜂、本土植物和农业的未来影响很大。

在某种程度上来说，农场和果园是草原和森林的复制品。长期以来，草原和森林中的野生物种一直为人类提供食物。而每亩农场和果园每年为人类提供的食物更多，农场和果园的产量也要依赖生活在其中的其他物种，至少曾经如此。农场和果园里的害虫主要由它们的天敌控制。天然的授粉媒介会帮助农场作物和果树的花朵授粉。然而，随着农场和果园的种植越来越密集，生态系统方方面面的功能开始被一一取代。

比如，害虫的天敌就在不同程度上被杀虫剂消灭。此外，各种种植了许多农业作物的或是多种本土植物的农场，开始实行单种栽培(大规模种植单一作物)。单种栽培和杀虫剂导致了授粉方式的变化。野蜂需要找地方筑巢。每种蜜蜂筑巢时都需要特殊的土壤类型、土壤结构或植物材料。但单种栽培模式下很少有适合它们筑巢的地方，因为单种栽培的土壤和植物材料都是均质化的。野蜂在春季到秋末也需要寻找地方采集花蜜和花粉。当作物上不开花时，单种栽培往往造成蜜蜂的觅食荒漠。此外，野蜂还会被杀虫剂误伤。大多数情况下，杀虫剂在杀死象鼻虫的同时也不会放过蜜蜂。因此，授粉者常常会变得越来越少，最终数量严重不足。庄稼开花，但结不出果实和种子。生态系统虽然进行了重组，但却缺失了关键的一环。

解决这个问题的方法就是在生态系统中增加另一个物种。17 世纪，欧洲人把一种叫作意大利蜜蜂的物种引入北美。我们现在通常简称这些意大利蜜蜂为蜜蜂，它们和八哥、麻雀或葛藤一样，并不是北美本土的物种。然而，随着北美农业发展，蜜蜂成了维系遭破坏的农业系统的关键黏合剂。人们可以把蜜蜂进行密集型养殖，然后等到农田里有花朵需要授粉时把它们带过去。养蜂人仿佛成了为虫媒作物提供性服务的皮条客。这样一来，授粉系统中被破坏的部分得以修复，至少部分得以修复。最大的挑战在于需要修复的范围实在太大了。

想要确保有足够的蜜蜂为遭到破坏的农业系统内的作物授粉，目前的解决方案是每年在全国范围内养殖蜜蜂（在养殖期间它们依赖野花生活），然后在不同作物的开花季节，把蜜蜂驱赶到农田里。每年都会有这样疯狂的场景：250 万个蜂群从美国各地被赶到加州，为杏仁树和其他作物（主要是杏仁树）授粉。这个方法的效果并不是很好。蜜蜂们靠在一起，这使得它们身上的寄生虫很容易交叉传播。很多不同的蜜蜂病毒在它们之间传播，甚至还会传染给本地的蜜蜂。[7] 这种传染在很多情况下都会发生，就连花朵也不例外。花朵和蜜蜂之间的关系就如同马桶座圈和人类之间的关系。虽然蜜蜂确实会洗手（或者更确切地说是洗脚），但也无法阻止寄生虫的传播。病毒、原生生物，甚至是螨，都在蜂巢里传播。此外，在整个蜜蜂系统里，蜜蜂基因简化现象和易感特征变得十分普遍。

野蜂具有遗传多样性，其一，表现在野蜂有许多的种类，其二，每种野蜂个体携带的关键基因种类不同。此外，群居的野蜂内部的遗传也具有多样性，这使得无论是在蜂巢内、物种内，还是生态系统内，所有寄生虫遇到对自己有抵抗力的蜜蜂的概率上升。

物种多样性会影响其对寄生虫的抵抗力，这一结论最早由作物研究得出。如果一片田里种有多种作物，它们死于同一种寄生虫的概率就会降低。后来大卫·蒂尔曼又进行了植物生物多样性实验（我在第七章中提到过），进一步研究了物种多样性对寄生虫抗性的影响。北卡罗来纳大学教堂山分校的查尔斯·米切尔教授进行了生物多样性实验，证明了植物寄生虫在多种作物间的传播速度比在单种栽培的作物间要慢。[8] 自那以后，人们发现在同一物种内部也存在类似的多样性影响。植物的基因越多样，植物越不易受到病害侵袭。要知道，多亏了大卫·塔比（我在北卡罗来纳州立大学的同事）的研究，那些基因更多样化的蜂群患病的风险才会更小。但令人遗憾的是，我们也知道单个蜂巢中的蜜蜂不具有基因的多样性。[9]

在自然界中，蜂后会与多个雄蜂交配，因此，单个蜂巢中的后代具有多种基因。一个蜂后一生中可能会与 8 个或更多的雄蜂交配，雄蜂精子会进入蜂后的输卵管中，使蜂后的卵子受精。它们的后代会携带很多不同的寄生虫抗性基因。不过蜂群社会管理的准则不涉及与多个雄性交配。因此，蜜蜂在基因上是相对同质的，这样一来，一旦一种寄生虫可以感染蜂巢里的一只蜜蜂，它就可以感染蜂巢内大多数甚至所有的蜜蜂。我们把许多同质的蜂巢堆在一处，寄生虫比比皆是。每年都有一段时间，这些蜜蜂只能吃一种食物，那就是杏仁花蜜。蜜蜂和人类一样，饮食单一往往会导致健康状况不佳。最后，蜜蜂在授粉时又经常被杀虫剂和杀菌剂误伤。凡此种种，最终导致蜂群崩溃消亡。

本地蜜蜂本可以取代外来蜜蜂进行授粉，但在许多农业区，本土蜜蜂的数量锐减，因此这个方法行不通。农业单一栽培模式、杀虫剂、清理天然草地、砍伐森林、蜜蜂种群内的竞争，还有其他攻击，种种困难严重抑制了本地蜜蜂的数量增长。这对本地蜜蜂而言还不算末日来临，但也已经不是以前的好日子了。[10]

那么，要是一个农场具备了大部分自然系统的必需要素，但仍不完善，我们该怎么办呢？有一种解决方案是在室内（至少是温室里）

种植某些作物，并放置蜂箱（里面通常是熊蜂）进行授粉。这种办法通常适用于番茄等农作物，这些作物更能接受拥有熊蜂翅膀振频的蜜蜂授粉。但这个方法也被用于其他作物，如辣椒和黄瓜。这种方法甚至比蜜蜂授粉更有产业化前景，因为作物是在室内种植的，而且蜜蜂只用于授粉，不用来采蜜（熊蜂确实产蜜，但装在蜂蜜罐里未免太少，赚不了多少钱。不过如果你有机会，不妨把手指伸到熊蜂采的蜜里，然后放在嘴里尝尝，蜂蜜肯定更美味）。但是，熊蜂面临着与蜜蜂相同的难题，而且人们对熊蜂的研究比对蜜蜂的研究还要少。熊蜂比蜜蜂更难存活，即使能活下来，也比蜜蜂更难管理。熊蜂寿命较短，活不过冬天，很少能熬过一个季度。因此农民每年至少需要购买一次（通常不止一次）新的熊蜂。相比之下，只要照顾得当，蜜蜂可以安然过冬，而且还能活好几年。（或者对比一下野蜂，只要我们不破坏野蜂的栖息地，它们就能顽强地生存下来。）更重要的是，总有一天，熊蜂会面临蜜蜂现在面临的所有问题。这只是时间问题。

一些公司目前已经开始为新的机器蜜蜂申请专利。这些蜜蜂将来可以在花间流连，在它们的电子大脑中通过机器学习算法识别花朵，并为它们授粉，或者至少未来它们能够在空中飞行。最先进的机器蜜蜂配有固定的工作轨道，它们沿着轨道被传送到花丛中，然后伸出一个小机械臂。它们有寝室里的冰箱那么大，目前每小时能给几朵花授粉，但同时也会对周围大概相同数量的花造成伤害。我想说的是，机器蜜蜂就像为作物设计的性爱机器人，但不是“类似”性爱机器人，它们本身就是性爱机器人。发明这些机器蜜蜂是为了让它们分担大自然的部分职责，人们希望它们能在漫游数亿亩田地时完成授粉。这项技术显然很有前景，电商巨头沃尔玛已经为这种机器蜜蜂申请了专利，不过这个专利并不是针对某种型号的机器蜜蜂，而是这一创意本身，沃尔玛在机器蜜蜂身上看到了市场潜力。

让微型机器蜜蜂在花丛中授粉，这似乎不失为一种对策，跟我那个装满真空吸尘器零件的桶差不多。不过蜜蜂生物学家很快就措辞谨慎地指出："你们疯了吗！"一群专门研究蜜蜂和授粉的生物学家认为这个想法荒唐至极，于是写了一篇论文指出了其中的诸多问题。[11]

野生物种遵循自然法则和自身的生存模式已经在地球上繁衍生息了几百万年，如今这一切却面临着被人类工程技术取代的可能。在我们展望未来时，许多人正在计划用技术取代自然本身的功能，比如碳封存技术。几亿年前，植物进化出了利用太阳能将二氧化碳中的碳原子结合成糖的能力，同时把太阳能转变成化学能储存在其中。所有的动物都依赖植物的光合作用。但随后人类不断进化，学会了使用煤和石油这种古老的碳资源；在此过程中，他们将二氧化碳释放到大气中，从而导致了全球变暖。在世界各地举行的会议上，人们争先恐后地提出新的观点，探讨从大气中收集碳的技术方法，这些技术可以快速完成植物的缓慢作用过程。用技术取代光合作用可能会产生惊人的效果，也可能不会。我们最明智的做法是，在找到"比自然方法更快""更好"的固碳方法之前，或至少是同时，我们要先尽可能多地掌握植物封存碳的方式、最利于碳封存的植物物种以及拯救这些植物群落的方法。

人类力图用技术解决问题的案例还在不断增加。如果鹿的天敌被杀光，我们也会捕杀鹿以控制鹿的数量。如果害虫的天敌被杀光，我们也会使用更多的杀虫剂来控制这些害虫。在我们砍伐了河流边的森林或将河流裁弯取直的地方，我们必须建起堤坝和屏障阻挡河流。

人类的室内活动越多，人类就越来越远离大自然的庇佑和保护，大自然的作用也越发微弱，“植物性爱机器人大军”将变得更普遍。同样地，回想第八章，人类也不可避免地试图简化和替换我们体内的微生物。我们可以查明人类需要的其他物种（比如人类的肠道、皮肤，甚至肺里）基因，然后将这些基因添加到人类基因组中。这种技术已经研发出来了，目前操作起来还很麻烦，但会变得越来越容易。虽然人们普遍认为人类基因工程存在伦理问题，但我们现在设想的是遥远的未来，我们无法控制后代的文化和伦理。所以让我们想象一下，我们的后代也许真的会考虑人类基因工程。他们可能会进行基因组合，让人体能够从空气中收集自身所需的氮（就像一些细菌那样），甚至让人体能够进行光合作用。

不过消化比固氮和光合作用更棘手。肠道中的微生物会与免疫系统和大脑交流，它们交换着信号，这个过程已经持续了数百万年。我们知道，这些信号传达的具体信息可以影响免疫系统的工作方式（即使免疫失败也会产生影响），同时也会影响一个人的性格。但我们不知道这些信号传达的信息是什么，而且也是直到最近几年才知道这些信号的存在。也许我们有一天会弄清楚这种肠道语言，解码这些信息，然后想办法替换发送信息的化学物质，让它们只按我们的想法发送信息。或者，我们可能会找到方法将新的基因注入我们的细胞，并让它们以为自己收到了信号。肠道可能会反复发出信号：“我很高兴，饱了，很高兴，饱了。”但最大的挑战仍然在于人类个体的独特性。任何人的基因组都是不同的，任何人的大脑或免疫系统也不相同。因此，每个人的身体对于微生物的需求各不相同。我们是否能为每个人量身定制基因？也许有一天能实现吧。

用新的细胞基因取代人类身上的微生物只是我们对未来的一个预测和设想。在这种假设的情景下，科学家们展现出越来越多的智慧和操纵自然甚至操控人类本性的倾向。但还存在第二种技术情景：我们可以建立微生物种子库，给新生儿提供他们所需的微生物；我们还可以为失去微生物的成年人提供他们所需的微生物。事实上这种技术已经投入使用了，那就是粪便移植，粪便移植本质上和白蚁的直肠分泌物一样。我们可以想象这样的未来：微生物种子库中的微生物在新生儿身上定植，我们仍需要根据这些婴儿的基因探明人类需要哪些微生物。理论上来看，这一设想有望实现。我自己的预测是，如果这就是我们要走的路（我们已经做出这样的努力了），那么在它真正可行之前，将有长达数年甚至数个世纪的试错。

最终，当我们展望遥远的未来时，最简单的方法是尽可能保护自然生态系统及其功能。第二个最佳方案（也是我们经常使用的方法）就是尽可能想办法模拟自然系统，而且要尽量减少外部干涉。回到肠道微生物群落的例子上来，比起从零开始为每个孩子设计“完美”的肠道微生物群落，想办法帮母亲将自己的肠道微生物遗传给孩子则容易得多。最坏的情况莫过于我的吸尘器零件桶，相当于世界各地的人们独自解决未来几十年甚至几个世纪的问题，但得不到专家的帮助（包括工程师、生态学家、人类学家等学科的专家，也包括自然本身）。我们应该在力所能及的情况下保护自然生态系统的自我调节能力，而不是试图以技术取代它们，这可能是本书中最明显也是最有争议的一个观点。很明显，在某种程度上，直觉告诉我们不应该破坏大自然一切正常的运行规律。科学家和工程师们设想，未来越来越多的自然生态系统的自我调节功能会被技术取代，对于这一点的争议有愈演愈烈之势。一些研究人员甚至妄言他们不需要大自然。他们认为只要有实验室里的基因，就可以创造出任何人类需要的东西。也许他们是对的。但我对此表示怀疑，想必接待我的吸尘器维修人员也会有些怀疑。因为，如果他们错了，然后又没办法拯救我们赖以生存的生态系统让它们免遭破坏，那么后果将不堪设想。所以依我看，最明智的做法就是姑且权当他们的观点是错的，我的观点是正确的，我们应该继续保护自然。为今之计就是相信我们依赖的自然生态系统是不可替代的。[12]

第十章　与进化共存

我们试图控制自然，是因为有时证明这样做对人类大有益处，特别是在短期内。当密西西比河沿岸建起堤坝后，城镇随之形成。这些城镇中的一些城镇，比如格林维尔，最终发展成为城市，全得益于靠近河流对运输货物带来的便利。从短期来看，这的确给人们带来了巨大的利益。但这利益背后隐藏着巨大的代价，这个代价与将到来的洪水有关。同样，当我们力图掌控这个世界时，我们也会面临类似的问题。将其他生命形式拒之门外可能是对人类有益的，我们杀死许多物种是为了让我们自己生活得更好，是为了拯救我们自己。但是，只有我们是在有选择地猎杀真正伤害我们的物种时，这种行为才最有效。相反，如果我们猎杀所有的物种，所产生的后果显而易见，但这也无法避免。它们像浑浊的河水一样流入我们的生活。

我在这本书的一开始就讲过，在1927年密西西比河大洪水期间，我的祖父曾说他在洪水涌入格林维尔之前，发现了大堤被泡塌的具体位置，他看到堤坝在冒泡。这个故事是真实的，同时也可以说是不真实的。说这个故事是真的，是因为他很可能目睹了堤坝冒泡并开始崩塌。说这个故事不真实，是因为一旦河水上涨到足够的高度，大堤在许多地方都会崩塌，而不仅仅是在我祖父碰巧发现河水决口的那个地方。在最高水位时，河水的冲击力比大堤的抗击力大得多。大堤一旦有一处坍塌，就会造成多处坍塌。在这个故事里，这条河就如同大自然的生命，大堤是我们试图遏制生命的一种方式。河流冲破堤坝，无情地倾泻而下，让我们见识到大自然生命的无比强大和人类的脆弱不堪。

每当我想起祖父，我就会想起那场洪水；每当我一想起之前进行的一个（曾经在前言中简要提起过的）实验，也会想起那场洪水。这个实验是几年前迈克尔·贝姆、塔米·李伯曼和罗伊·基肖尼在哈佛大学的实验室进行的。他们三人共同设计了一个巨大的培养皿，他们称之为“巨型培养皿”（Megaplate，其中“Mega”不仅是“微生物进化和生长领域”的首字母缩写，同时也表示“巨大”的含义）。这个巨型平板培养皿长为 60 厘米，宽为 120 厘米，高 11 毫米（见图 10.1）。这个实验使我们发现了生物学中最复杂的法则之一的细微之处，即物竞天择的进化法则，并对它进行实时考证。这个法则简单来说主要是指繁殖能力强的个体的基因和特征往往比繁殖能力弱的个体更有优势存活下来。物竞天择进化定律就是达尔文定律；达尔文认为物竞天择的进化过程相当缓慢，但现在我们知道这个过程其实非常快。这一定律产生的影响无一不在城市中、在人的身体上以及巨型培养皿中得以体现。

进行巨型平板培养皿实验的想法是受到了电影市场营销的启发。2011 年，为了宣传电影《传染病》，华纳兄弟加拿大分公司在一家商店的橱窗里做了一个广告展示，他们在橱窗的面板上种植细菌和真菌，拼出了“传染病”的字样。[1] 这个面板本质上就是一个巨大的培养皿。基肖尼看到了这个广告，深受启发。基肖尼、李伯曼和贝姆共同讨论，

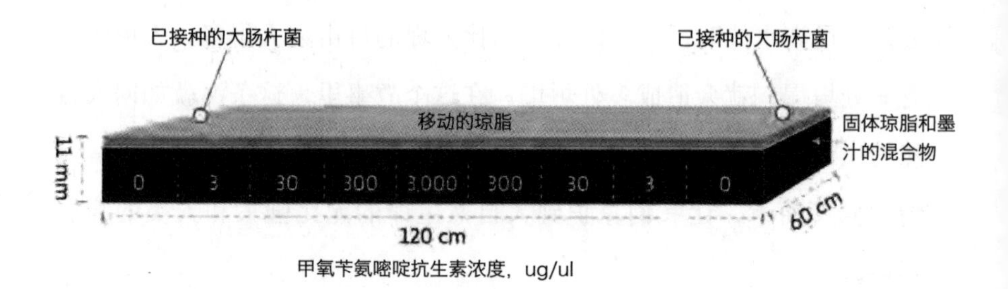

图 10.1 巨型平板培养皿由迈克尔·贝姆、塔米·李伯曼和罗伊·基肖尼设计。该图由尼尔·麦考伊根据迈克尔·贝姆和同事们的早期版本制作。

打破常规，灵感迸发。在其研究生的协助下，他们使用基肖尼上课用的（类似广告里的）巨大培养皿来进行实验。就像广告里的面板一样，这个培养皿即“巨型培养皿”，将会揭示一条重要的法则。人们需要很长时间才能领悟这个法则，它的作用也终将逐一显现。

这个项目需要多层次的团队合作。整个团队一起设计了这个实验的具体步骤。随后，李伯曼在基肖尼的课上进行了首次实验。后来，贝姆对实验步骤进行了微调，在最后一次迭代操作中，他倒入琼脂，播种微生物，然后观察实验结果。巨型平板培养皿的基本构造与华纳兄弟的培养菌面板并无二致，但几个关键之处略有差异。首先，倒入巨型培养皿的琼脂包括两层，一层是细菌可以吃掉的固体底层，另一层是细菌可以在其中自由游动的液体表层。他们从培养皿的两侧放入一种无害的大肠杆菌，大肠杆菌既可以吃掉琼脂中的营养物质，又可以游到营养物质尚未耗尽的地方；它们既可以进食，又能四处移动。如果培养皿里还有其他种类的细菌存活，那么大肠杆菌就无法正常繁殖，就会在竞争中败下阵来。大肠杆菌是一种很有用的实验室微生物，却并非人类肠道其他细菌最强有力的竞争者。所幸这并不是一场关于物种竞争的实验，而是关于抗生素耐药性演变的实验。

释放到巨型培养皿中的细菌对任何抗生素都没有耐药性。它们容易受到感染，毫无抵抗力，弱小无助。但这或许不会持续太久。研究小组希望了解这些无害又弱小的大肠杆菌多久能进化出对抗生素的耐药性，抗性突变体出现和传播的速度有多快（即使非突变体已经灭绝）。

为了找到问题的答案，研究小组决定沿着巨型平板培养皿四周边沿放置抗生素。在基肖尼上完课后，贝姆进行了一次实验，在实验中他们选择的第一种抗生素是甲氧苄氨嘧啶。贝姆后来用另一种抗生素环丙沙星（CPR）重复了这一实验。他们没有把抗生素均匀地撒在培养皿中。反之，培养皿被分成好几列。把培养皿进行分区是李伯曼的主意，她想给细菌增加一层屏障，难度依层递增。最外层的分区里没有放置抗生素。然而，从边缘向内移动时，培养皿每个分区的抗生素浓度不断增加直至到达中心区（与培养皿两端间距相等）。中心区中的抗生素浓度应足以杀死任何东西，其浓度是杀死大肠杆菌通常所需的甲氧苄氨嘧啶浓度的3000倍，环丙沙星浓度的两万倍。正是这种分区构造让我想起了格林维尔附近的密西西比河。在这个类比中，抗生素的间隔带是堤坝，中心地带则是格林维尔。从更宏观的背景下，人类受到抗生素保护，从而免受细菌寄生虫的侵袭。

为了到达中心带，突变细菌必须进化出对最低浓度抗生素的耐药性。然后，它们还要继续进化突变（在那些首次突变之后），产生对更高浓度抗生素的耐药性。它们必须这样做，一层突变接一层突变，直到产生能够让它们蔓延到培养皿中心带的基因组。

巨型平板培养皿实验已成为进化生物学的新一代经典实验，部分

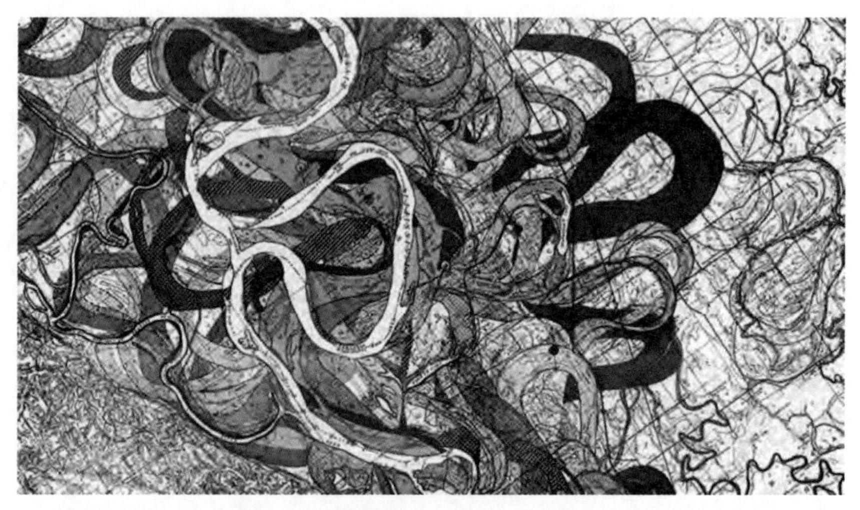

图 10.2 密西西比河和它在被河堤冲刷和包围之前的流动轨迹。随着时间的推移，它一直在不停地运动和进化。该地图由来自美国陆军工程兵团的哈罗德·N. 菲斯克于 1944 年制作出版，用于密西西比河下游冲积河谷的地质调查。

是因为它与进化动力学研究非常契合。正如乔纳森·威诺在他的关于加拉帕戈斯群岛进化研究的精彩著作《鸟喙》中所写的那样，要研究人类的生命进化过程，需要一个独立的物种群体，这个群体比较稳定，不擅与其他物种混合和交配而将两个生存物种因栖息地而产生的变化混合在一起。[2]

贝姆、李伯曼和基肖尼设想并创造了这样一种情景，他们将两个物种混合在一起，采取的方式正是威诺担忧的方式。

在医院和其他经常使用抗生素的地方，比如养猪场和养鸡场，通过一种细胞互换大聚会（生物学家称之为水平基因转移）共享基因是细菌对抗生素产生耐药性的一种途径。在水平基因转移过程中，细菌交配并交换质粒——一些小块遗传物质。这种细菌交配可以在任何不同的物种之间进行，就像在山羊和睡莲这两个毫无关联的物种之间都可以顺利进行。这种交配能够实现与新基因的杂交，使它们能够完成原本无法独自完成的任务。这种交配过程一直在我们身边发生；当你正在读这本书的时候，它们就正在你的身体里交配。但在巨型培养皿实验开始时，这种交配行为不可能发生，这是因为实验中的细菌没有抵抗甲氧苄氨嘧啶或环丙沙星的基因，细菌无法分享它们根本就没有的东西。

要使巨型平板培养皿中的细菌产生耐药性，唯一的方法是让它们一代又一代地在其遗传密码中经历偶然性突变，其中一些偶然性突变能够产生使它们抵御抗生素的基因。面对抗生素的威胁，任何拥有这种基因的个体存活下来的概率都很大。这个过程奇妙无比而且匪夷所思，但这却是物竞天择法则的基石。我们自己的基因组正是以这种方式进化的，只是我们的基因组进化速度极为缓慢。

贝姆、李伯曼和基肖尼设想他们或许能在更短的时间范围内看到进化的动态过程。他们的这个假设是有充分的依据的。首先，巨型培养皿上的细菌数量巨大，因此，尽管大肠杆菌基因突变现象很罕见（大约每 10 亿个基因区只有一个突变），突变的基因可以在巨型平板培养皿中不断累积。此外，在实验室中，每一代大肠杆菌更迭的时间约为 20 分钟，这使得物竞天择法则得以一次又一次地在基因突变中发挥效力。这意味着，在一天多的时间，仅仅 31 个小时内，贝姆就可以在这个培养皿里观察到大约 72 代大肠杆菌，这相当于从基督诞生至今 2000 多年的人类发展历程。在 10 天的时间内，他能够研究 7200 个世代的物种基因，相当于人类世界的两万多年，可以追溯到农业的诞生以及更久远的时代。尽管两万年听起来很是漫长，但人类在这两万年里并没有产生太多变化，至少我们不会在晚宴上注意到这一点。在这种情况下，大肠杆菌的耐药性还能进化到什么水平呢？贝姆、李伯曼和基肖尼从巨型培养皿实验开始时就想，这可能需要一个月或更长的时间，也可能是一年，或者很多很多年。

但是，实际上根本没有花那么长的时间。实验结果显而易见，因为贝姆将巨型平板培养皿内的固体琼脂染成了黑色，这样当白色的大肠杆菌分裂和扩散时，他们可以看得很清楚。

在使用甲氧苄氨嘧啶的实验中，大肠杆菌轻轻松松地爬满了巨型培养皿的第一个分区，即没有放置抗生素的区域。它们吞噬、排泄、分裂，然后离开，寻找更多的食物，然后继续吞噬、排泄、分裂，再次离开。随着它们单细胞身体里的白色堆积物越来越多，它们身体上的黑色墨水在逐渐消失。这并不令人意外。在此期间，它们的身体可能出现了许多突变体，但没有一个能在巨型培养皿第二分区的抗生素中存活下来，并没有充分的证据证明物竞天择法则在起作用或者它能促进物种的进化。

但过了几天后，贝姆就看到了一些不寻常的变化。大约 88 小时后，第一个能够在最低浓度的抗生素中存活的突变株出现了。一个细菌细胞发生了突变，使其能够在低浓度抗生素中生存。这个细胞的后代子孙很快就占领了巨型培养皿一侧的第二个分区，并把第二个分区里黑琼脂的一部分变成了白色。然后，贝姆继续观察，他发现其他的突变体兀自出现在了巨型培养皿的第二个分区中。这些细菌开始疯狂吞噬，分裂，四处扩散，它们加快了蔓延的速度，很快占据了第二个分区，完全覆盖了黑色的琼脂。它们看起来就像是骚动不安的流水，冒着气泡，像洪水般铺天盖地，势不可当。它们既拥有水的气势，也兼具水的威力。

达尔文在《物种起源》一书中写道："物竞天择法则无时无刻不在审视着世界上最微小的变化；摈弃那些糟糕的变化，呵护所有积极的变化；无论何时何地，它默默无闻地、尽职尽责地改善着每一个有机体赖以生存的有机环境和无机环境。"[3] 贝姆看到的这些变化，并没有历时地质时期那么久的时间，而只用了数天就发生了。最微小的变异是由突变引起的，只是由几个微不足道的基因字母的突变引起的。这些突变是良性突变，至少在低浓度抗生素条件下是这样。正如贝姆后来发现的那样，物竞天择法则并不是在无声无息中发挥作用的。

在接下来的几天里，为数不多的细菌细胞发生突变，这些突变赋予了它们在较高浓度的抗生素环境中生存下来的能力。物竞天择法则对这些突变体呵护有加，它们迅速爬满了巨型培养皿的第三个分区，同样的过程在培养皿第四个分区重现。新的突变体出现了，新的突变体更具抵抗力，它们占据了第四个分区。最终，也就是 10 天后，出现了几个突变株，它们能够在巨型平板培养皿中抗生素浓度最高的中间区存活下来。它们冲过了最后一道堤坝。10 天后，巨型培养皿的中间区布满了这些抵抗力十足、生命力旺盛的细菌体。

贝姆仔细研究实验结果，并与李伯曼和基肖尼进行了深入的探讨。然后，出于科学家的职业习惯，他又把这个实验重新做了一遍。同样，细菌又过了 10 天才到达中心区。他又使用另一种抗生素环丙沙星重新做这个实验。这一次，细菌花了 12 天的时间到达并布满了培养皿的中心区域。他一次又一次地重复这个实验，每次都是同样的结果，都是用时 12 天。每种抗生素的实验结果虽然不同，但是差别很小。更重要的是，在这两种情况下，细菌对高浓度的抗生素产生耐药性的速度都非常快。此后，其他科学家使用其他抗生素和其他细菌进行了重复的研究。结果非常相似，只是在细菌到达培养皿中心区的耗时方面略有差异。华纳兄弟的营销团队最初在宣传牌上写下的“传染病”一词，让基肖尼大受启发。但是，在贝姆、李伯曼和基肖尼看来，写在巨型培养皿里的“抵抗”一词则是不祥的预兆。

在人类与微生物之间的进化战争中，人类一直处于劣势。这些微生物包括人类身体外和体内的细菌寄生虫和病毒寄生虫。面对那些企图抢先霸占我们食物的物种来说，我们不占优势。我们的自然界天敌占据优势地位，是因为种群规模大的生物体适应性进化过程更快。种群越大，个体发生突变的概率就越高，而这种突变有利于个体适应充满各种挑战的生存环境，比如在有抗生素、除草剂或杀虫剂环境下存活下来。我们的自然界竞争对手有一个优势，那就是它们的世代更迭时间间隔往往很短。物竞天择法则在每一代物种更迭过程中都会抓住机会大显身手。更迭的世代越多，这个法则就越容易偏爱某些谱系，包括其他谱系的新型突变体。我们的竞争物种还有另外一个优势：在人类创造的结构被简化的生态系统中，这些物种几乎没有竞争者，也没有天敌。它们能够轻而易举地逃离危险，肆意进食，自由自在地生活。最后，拜人类自己的行为所赐，我们的竞争对手还拥有一个优势：人类越想杀死它们，它们进化出抗性菌株的速度就越快。我们引以为傲的利刃反而刺伤了自己。

只要人类存在，农场、城市、家庭和人类身体之中就会进化出新的物种。这些地球上现存的栖息地会以惊人的速度蓬勃发展，为物种起源创造更多的契机。我们与进化共存亡。

在日常生活中与我们共同进化的物种会给我们带来诸多益处，或者至少像乌鸦一样，与我们友好地生活在一起，共享这个世界的一切。

其实，它们本无须如此温顺友好。在未来，它们很可能会成为我们的敌人。如果我们非得要控制和消灭周围的一切物种，那么就会促进那些对我们的抗病毒药物如疫苗、抗生素、除草剂、杀虫剂、杀鼠剂和杀真菌剂产生耐药性的物种不断进化。一个不小心，与人类一起进化的物种就会变成危险的敌人；人类试图掌控它们，威胁到了它们的生存，因此它们就对人类虎视眈眈，充满敌意。美杜莎把所有看见她眼睛的人都变成了石头；我们则用武器把那些受到伤害的物种变成了我们永远的敌人。

其实，我们未来的发展是完全可以避开这个结果的，这是因为人类可以预测（面对人类的破坏行为）物种进化的具体过程。在未来的发展中，人类可以充分利用这一点。我们无须等待身体一代一代地进化来应对耐药性寄生虫的进化，也不必等待遗传学家培育出能够抵御害虫的新作物。我们可以通过掌握的进化生物学知识来规划未来，或者至少我们拥有这样做的潜力。

但是，在我们想方设法遏制这些反抗力量之前，或许我们更应该细致地思考一下如何与生命之河和睦相处，而不是处处与它做对，以及如果我们不这样做，会面临怎样的困境。为此，让我们回到巨型平板培养皿实验中。这个实验就像一种提喻（一种修辞手法），用部分来代表整体。自从亚历山大·弗莱明首次发现某些真菌会产生适合人体使用的抗生素以来，人们使用抗生素杀死的细菌最终会对抗生素产生耐药性。1945 年，弗莱明在他的诺贝尔奖演讲中就提到过这一点。当时弗莱明就已经知道，“微生物对青霉素产生耐药性并不是一件难事”。他担心的是，抗生素唾手可得，造成滥用现象，降低了它的药效，从而有助于细菌产生耐药性。[4] 这已经是既成事实。和巨型培养皿实验中的耐药性细菌一样，存在于我们的身体、家庭和医院中的耐药性细菌随处可见，而且在许多（但不是所有）地区越来越普遍。由于我们大量使用抗生素，同时我们的身体也为细菌提供了大量食物，因此数以百计的耐药性细菌谱系已经进化。每个谱系的进化方式略有不同，这主要取决于其当地条件、遗传背景以及接触的抗生素种类。细菌可以通过制造一个抗生素不能发现或不能与之融合的细胞壁从而进化出耐药性。它们可以制造出一种抗生素无法渗透的细胞壁，这种细胞壁会阻止抗生素进入。细菌通过给其内泵增压，将抗生素推挤出细胞（就像把水从船里舀出来一样），被抗生素附着的细胞壁部分的蛋白质发生变化。细菌甚至可以进化出一种类似刀片的武器，将抗生素切成碎块，或者它们同时使用多种防御手段保护自己。正如没有两片雪花一模一样，耐药性细菌也各不相同。

精彩的耐药性进化史并非细菌独有。原生生物，比如导致疟疾的物种，也进化出了耐药性。放眼世界，疟疾寄生虫不断进化从而对氯喹（一种抗疟药）产生耐药性的整个历程声势浩大，远远超过巨型平板培养皿实验。1957年在柬埔寨山区，疟疾最早产生耐药性。之后，这种耐药性病菌开始四处传播。它能够在使用氯喹的任何条件下存活下来，而其他种类的寄生虫则无法做到。这种传染病菌逐渐传播到了邻国泰国，紧接着造访了亚洲、东非，遍及整个非洲，而后又莫名其妙地传播到了南美洲的北部，随后席卷了南美洲的大部分地区。它就像巨型平板培养皿实验中的细菌一样，疯狂传播，势不可当。甚至就在我写这篇文章的时候，一些新冠肺炎的病毒毒株已经开始对一种或多种疫苗产生耐药性。

耐药性的进化也并非仅仅局限在微观物种领域，动物耐药性的进化史与细菌或原生生物很相似。臭虫不断进化，已经对6种不同类型的杀虫剂产生了耐药性。据估计，至少有600种昆虫对至少一种杀虫剂具有耐药性（其中一些对多种杀虫剂都具有耐药性）。这些臭虫不仅包括家庭常见害虫，也包括农作物害虫。农作物害虫对田间施用的杀虫剂和转基因作物杀虫剂产生耐药性。

进化可以创造新的物种，同时物竞天择法则也正忙着创造各种各样的物种和生命体。人类凭借一己之力，按照自己的思维，塑造天地万物。我们赋予它们角色定位，赋予它们身体机能（延续生命）。正如我之前提到的，1778年博物学家布冯伯爵曾指出，“今天地球的各个角落都烙上了人类留下的印记”。[5]这种烙印有利于某些物种的进化，但也会阻碍其他物种的进化。未来的新世界百花盛开，果实累累，有益微生物自由生存，我们共同努力创造如此美好的世界才是明智之举。但是，人类世界未来的发展并非如此。我们的种种行为反而使得这个世界成为拥有耐药性微生物体的新栖息地。

从2016年开始，我参加了一个专家小组，主要研究耐药性物种赖以生存的菜园环境的风险性。[6]该研究小组得到了国家社会环境综合中心的支持，主要负责人是斯德哥尔摩恢复研究中心的研究学者彼得·约根森和加州大学戴维斯分校的研究员斯科特·卡罗尔。这个名为“与耐药性共存”的专家小组的首要任务，就是要了解导致物种产生耐药性的杀菌剂的使用量是否在上升。你可能会认为，这类工作一个人足以完成，但是整体看来并非如此。我们统计了人们正在使用的杀菌剂的种类、喷洒量和喷洒范围。当我们完成统计工作后，情况就一清二楚了。

人类对世界其他生物体的影响在不断扩大，同时加大了生物杀灭剂的使用力度，这在各个方面都有所体现。例如，抗生素药剂的销售总量和人均销售量都在不断上升。此外，除草剂的使用总量以及每英亩除草剂的使用量也在增加；（被喷洒了除草剂的）抗除草剂转基因作物的种植量也在不断上升。在这些生物杀灭剂中，杀虫剂的使用量有所下降。然而，这是一种假象。杀虫剂的使用量降低，究其原因是因为越来越多的转基因作物能够自己制造杀虫剂消灭害虫（见图 10.3）。在化疗中使用生物杀灭剂来治疗癌症已经极为常见。癌症或许与细菌寄生虫或害虫有很大差别，但癌症确实会对化学疗法产生耐药性，从而导致所谓的“无反应性肿瘤”，即抵制人类对它的治疗。[7] 几乎整个世界的生命体被烙上生物杀灭剂的印记。我们已经把大拇指深深地压进大自然的黏土之中，留下了永远的印记。

在大多数情况下，耐药性现象也变得越来越普遍。当我们服用抗生素时，我们的身体就会变成肉质巨型培养皿。我们服用抗生素，细菌产生耐药性，很快就恢复了生机，毫发无伤。当我们给家畜注射抗生素（通常是为了刺激它们生长，而不是解决疾病问题）时，它们的身体也会变成巨型培养皿。面对抗生素呼啸而来的疾速旋涡型攻击，细菌安然度日，一如既往地进化和生长。此外，我们的医院犹如一个巨大的培养皿，许多病人身上和许多房间内都使用抗生素。另外，医院中许多病人免疫功能低下，因此他们的身体就像巨型平板培养皿中的琼脂一样毫无抵抗力。人类的身体犹如巨型培养皿，癌症的传奇故事就此开始。 抗性细胞、菌株和物种在人体生态系统中继续存活，不受任何影响。 其实“不受影响”一词并不十分准确，因为这些细胞、菌株和物种在与生物杀灭剂斗争的过程中变得更强大，它们已经没有竞争对手。它们自由成长、肆意进化，仿佛是人类从其他物种中精挑

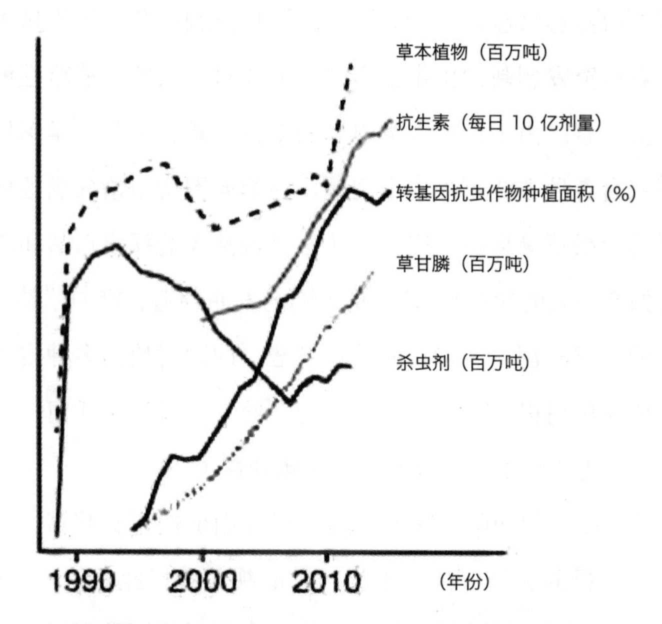

图 10.3 自 1990 年以来，全球范围内除草剂、抗生素、转基因抗虫作物（也称 Bt 作物）、一种除草剂（草甘膦除草剂）和杀虫剂的使用总量的变化。数据来自文章《抗生素和农药耐药性的共同进化治理》，发表于 2020 年《生态和进化趋势》第 35 期，第 6 卷：第 484—494 页，作者：约根森，彼得·索加德，卡尔·弗尔开，帕特里克·J.G. 亨里克森，卡琳·马尔姆罗斯，马克斯·特罗尔和安娜·佐泽。该图由劳伦·尼科尔斯绘制。

细选出来的宠儿。

总的来说，面对灾难，我们的防范措施就是找到更新的抗生素、杀虫剂、除草剂、化学疗法和其他生物杀灭剂。随着河水不停上涨，我们把大堤筑得更高。起初，我们只是在自然界中寻找新的生物杀灭剂；我们像金矿矿工进行勘探。我们在整个生物界四处探索。人们的勘探行为早在弗莱明甚至是在发现细菌之前很久就开始了。最近，中世纪学者克里斯汀娜·李和她的同事发现了一种古代维京人治疗眼部感染的方法。李和她的同事不仅能够证明这种疗法能够杀死与眼部感染有关的细菌，而且还发现它可以杀死已经对某些抗生素产生耐药性的细菌[8]（也就是说这种古老的疗法仍然有用）。除了发现抗生素，人们还重点研究发明新的抗生素。科学家通过做实验，战略性地创造合成新的抗生素。由于目前人类迫切需要抗生素，因此科学家们正在考虑如何综合各种方法解决这个问题，这如同厨房水槽放满各种需要清洗的餐具、果蔬等物品，这类方法不仅包括人们探索自然和掌握传统知识（如维京人的知识），还包括人们的发明创造。例如，基肖尼对细菌进化的研究开创了一种新的治疗方法，即同时使用多种抗生素治疗感染。如果使用得当，这种方法可能会使细菌无法对任何一种药物产生耐药性，更不用说对所有药物产生耐药性了。

耐药性使我们面临严峻的考验。但我们依然还有胜算。到目前为止，贝姆拍摄的大肠杆菌产生耐药性的视频我已经看了不下数百次。我曾在讲座中展示过这段视频，在座的人们对此沉默不语，这就是康德所说的令人畏惧的崇高感。但贝姆认为人们不应该从这个角度观看这个视频。他对自己拍摄的内容产生的恐惧远没有我们想象得那么强烈。实际上，他对人类将来与耐药性共存充满希望，但前提是我们要采取以下四个步骤。在这一过程的每一步我们都应牢记一点：由于气候不断变化，我们的行为与这些行为对自然界产生的影响之间存在着时间滞差。我们使用生物杀灭剂消灭物种，而使用这种杀菌剂的后果只能在未来的某个时间点才显现出来。但是，与气候变化不同，这个时间滞差相对较短，短到只需数年，而不是几十年，在某些情况下甚至会更短。我们有时间从根本上改变应对其他敌对物种进化的方法。面对现状，这四个步骤显得尤为重要，因为我们现在马上就可以付诸行动，而且立竿见影。这些措施能够极大增强我们的应对能力，我们不需要消除地球上其他物种的耐药性（因为我们根本做不到），而是要找到与之和谐共处的方式，融入生命进化的洪流中。

尽管很少有人研究，但是与耐药性共存的第一步很重要，它涉及生态干预的概念。一般来说，面对来自其他细菌（其中许多会产生自己的抗生素）以及寄生虫和细菌捕食者的激烈竞争，耐药细菌不太可能存在。你的医院或皮肤越像丛林般危险重重，新生细菌就越不可能扎根。

寄生虫和害虫不太可能在充满各种各样天敌的环境中繁衍，这是另一种多样性法则。在来自明尼苏达州的大卫·蒂尔曼进行的弃耕地实验（我在第 七 章谈到过）中，这条法则已经得到验证。但是在具体的环境下，关于耐药性还有其他的一些发现。细菌和其他具有耐药性的有机体通常依赖赋予其耐药性的特定基因。这些基因的体积通常都很大，一次一次地复制它们需要消耗大量的能量。细菌花了太多时间复制它们，所以自身无法补充足够的能量（总是吃不够）。此外，这些基因的蛋白质和其他产物通常也耗能很大。因此，一般认为抗性物种特别容易受到竞争对手和寄生虫的侵害。第一个步骤就是尽可能地控制我们周围生态系统的多样性以减少耐药现象产生的概率。这些事情在家里就可以做，比如洗手时使用肥皂和水，不要过度使用含抗生素的产品，避免使用洗手液。不到万不得已，不要使用杀虫剂。所有这些措施都有助于保护与抗性物种进行竞争的有益物种。第二个重要步骤是使我们的生态系统人性化，使其更多地由具有耐药性潜力的易危物种控制。这一步骤与第一个步骤有关。在第一步中，易危物种往往颇具竞争力。我们需要偏袒这些易危竞争对手。但在更多的情况下，易感性比竞争力更加重要。

控制转基因抗虫物种的易感性便是一个特例。这种作物可以安全食用。但是，它们非常容易受到其自身产生的杀虫菌抗性演变的影响。因为这种作物的种植面积很大，所以其敏感性就会产生很多问题。随着耐药性害虫不断进化，它们可以一块地一块地地吞噬庄稼，甚至毁掉整个国家的庄稼。这种灾难已经发生了，而且还会继续下去。但是我们有一个解决方案，或者说是一个临时方案也足以解决燃眉之急。

如果把非抗虫作物种植在抗虫作物附近，那么害虫将会优先侵食毫无抵抗力的非抗虫作物。这些不含农药的非抗虫作物被称为天然庇护所作物：它们为易感害虫提供了避难所。在这种情况下，耐药性害虫可能会进化，但耐药性害虫个体最有可能与最强壮的杀虫剂敏感个体交配，后者主要以非抗虫的天然庇护所作物为食。害虫体内罕有抗性基因，因为其数量众多的易感性基因削弱了抗性基因，特别是当抗性基因的产生是要付出代价时。这种方法可能看起来有些奇怪，但它确实有效。大多数种植转基因抗虫作物的国家，不得不种植这种易感型天然庇护所作物。

在强制种植这些作物的地区，耐药性得到遏制，同时转基因作物也得以保留。在那些没有强制种植这些作物的地方，害虫的耐药性已经开始进化，“神奇”的转基因作物正在被害虫大肆吞食，神奇之处已经荡然无存。例如，在巴西，即便是最受呵护的转基因作物的耐药性也在不断进化。如果这种情况继续发展下去，巴西将不得不重返古老的农业生产模式（这种模式需要各种各样的种子、设备和其他许多生产资料），因为他们无法在短期内培育出新的转基因作物以取代身处险境的原有作物。如果我们无法有效地控制物种的耐药性，我们进行创新的速度就远远赶不上耐药性的进化和发展速度。

最近有人提出采用类似于天然庇护所作物系统运行的方法控制人

体内的癌细胞。例如，我们研究小组成员、进化生物学家雅典娜·阿克蒂皮斯在她的《狡猾的细胞》一书中提出了一种大胆的癌症创新疗法。她主张只有在肿瘤增大的时候才用化疗进行治疗。[9]如果在肿瘤没有太大变化的时候使用化疗，这种疗法会杀死易感细胞，只留下耐药细胞。和耐药细菌一样，耐药癌细胞的竞争力也不强，但随着所有易感细胞的消失，它们会不断壮大起来。如果已经使用了一次化疗，然后在肿瘤第二次增大之前再次使用化疗的话，那么所有的敏感细胞就会被全部杀死，而所有存活下来的细胞都产生了很强的耐药性。当肿瘤开始第三次变大时，整个肿瘤就变得完全具有耐药性。另外，如果只在肿瘤生长变大时才进行治疗，那么一些敏感细胞会迅速分裂和生长，从而存活下来。因此，在下一次应用化学疗法时，大多数肿瘤细胞都将变成易感细胞。这种治疗方法是适应性疗法其中的一种，也是来自佛罗里达州H. 李·莫菲特癌症治疗中心和研究所的鲍勃·盖滕比正在进行的最新临床试验的一部分。到目前为止，这些试验都非常成功。适应性疗法并不能对治愈癌症起到神奇的作用，但是它能够弥补现有疗法的不足。这对于人们研究如何控制癌细胞耐药性以及适应大自然的物竞天择法则来说是一个重要的开端。

培育转基因作物和治疗癌症有所不同。但是，它们拥有一个共同的基本要素。在这两个实例中，能否有效遏制耐药性微生物的传播取决于我们保护易感菌的方式。最近，我们研究小组的领头人彼得·约根森认为，人类的竞争物种生物杀灭剂的敏感性是所有物种的福音。这种易感性对人类同样重要（就如同干净的饮用水对人类那样重要）。我们越想控制害虫、寄生虫，甚至癌细胞以提高这种易感性，我们就越难控制这些物种。我们采取何种方式控制易感性，要视具体情况而定，但是把易感物种留在身边绝对会让我们所有人受益无穷。[10]

目前，与耐药性共存的第三步比较棘手，但在未来会容易一些。它涉及人们对耐药性演变特征的预测程度。面对各种各样的生物杀灭剂，生物体产生耐药性的方式也不尽相同。进化过程犹如一盘磁带被一遍一遍地反复播放，但每一次听起来都略有不同。而在其他情况下，耐药性的演变过程是可以预测的。物种不同，其可预测性特征也不同。对某些物种而言，我们能预测的是其耐药性的进化速度。在第一次巨型平板培养皿实验中，细菌对抗生素的耐药性在 10 天内一次又一次地进化。在另一次实验中，耐药性的进化持续了 12 天。在其他情况下，我们还可以进行更多的预测。某些细菌物种对某种特定抗生素产生耐药性的同时，其基因会发生相应的突变，按照相同的顺序，一次又一次地重复着它们的进化之舞。目前，我们能够预测到这些进化的步骤，从而提前采取相关的防范措施。人们的预测非常精确，不仅预测到了物种会产生耐药性，而且还预测到了其耐药性演变的过程，然后积极采取应对措施。这种耐药性预测可能只适用于某些物种，并非全部物种。这一点我们务必要分清。

与耐药性共存的第四步，也是最后一步，就是回归自然。之前我和贝姆交谈时，他反复提到这一点，他对此“充满希望”。在我看来，研究物种耐药性的生物学家并不经常使用“希望”这个词。就算使用这个词，他们也只是用于讽刺（甚至挖苦）。然而，当我与贝姆交谈时，他使用这个词时态度诚恳，并非戏谑之言。让他对此充满希望的是一群被称为噬菌体的病毒。

总的来说，我们的生物灭杀剂犹如锤子。抗生素杀死细菌时并没有多少特异性。杀虫剂杀死昆虫，除草剂杀死植物，杀菌剂杀死真菌，但也同时威胁到许多动物的生命。就算生物杀灭剂杀死物种有一定的特异性，其特异性也比较弱。例如，特异性最强的抗生素往往能杀死革兰氏阴性细菌或革兰氏阳性细菌。也就是说，如果有一万亿种细菌，抗生素的特异性只能杀死 5000 亿种细菌，而不是所有的细菌。用这种方法应对威胁我们的物种并不明智。这相当于在人类文明之城的周围修建了一条护城河，而不是一座吊桥。因此，只有那些强大的物种才能够攻入人类城池，它们游过护城河、爬上城墙并在倾倒下来的滚烫的热油中顽强地生存下来。如果没有吊桥，一旦它们攻入城池，我们就会无处可逃，只能坐以待毙。

我们应该采取更明智的做法即从战略上瞄准特定的敌人。这需要了解我们的敌人，或者说敌对物质。正如贝姆所说，许多常见的寄生虫都处于“自然历史阶段”，一些常见的寄生虫尚未被命名。系统地整理记录我们敌对物种的信息并不难；但是我们没有这么做过（最富裕的国家除外）。我们需要全面了解我们的对手，但我们也必须掌握引起特定疾病的特定物种；我们需要用棉签进行取样，并且辨别确认棉签上的物种和这些物种的菌株，以及菌株的基因。这在过去几年里是不可能做到的。但是在当今时代，这些工作已经变得非常容易，而且成本更低。我们相信，用不了多久，至少在富裕国家的高级医院里，了解掌握某个病人体内寄生虫的整个基因组信息将成为一种常规性工作。一旦这种寄生虫变得很常见，我们就不能用普通的抗生素，而是要用一种专门破坏它的基因和防御系统的噬菌体消灭它。目前，这种方法还不成熟，但相信在未来几年它将有机会大展拳脚。 这种方法就是充分利用物种（噬菌体）的多样性造福人类。

这四个步骤及其相关方法都要求我们必须掌握物种进化规律和规

则，同时详细了解特定物种的自然发展史和进化趋势。目前，我们的医学实践和研究领域并没有给予进化史或自然史研究更多关注。但是，我们可以改变这种研究现状。我们洞察自然进化的点点滴滴和其发展历史，在此基础上建设完善的医疗和公共卫生体系，这赋予我们巨大的生存优势。

也许我们可以改变现有的生存方式。迈克尔·贝姆对此充满希望。基于这四个步骤，已经有公司开始着手准备应对方案，这些公司也对此满怀希冀。也许希望会给你安全感，或至少不会像贝姆的巨型培养皿实验结果那样让你感到悲观；心存希望，相信我们可以改变一切。但是，进化规则不会发生改变。未来十年不会变，未来百万年不会变；永远不会变。[11]

第十一章　自然未尽于此

1989年，比尔·麦克基本出版了其著作《自然的终结》，书中的观点极具前瞻性，且极有研究价值。这本书吹响了代表未来而战的号角，为促进环境保护行动、缓解气候变化提供了助力。随后，一系列类似的书籍相继问世，年代较近的一本是大卫·华莱士·威尔斯的《不宜居的地球》。这些作品意义重大，实用性强，但也难免掺杂了一些错误的观点。

书中认为人类行为使地球上生命的生存环境发生剧变，这些变化将会导致史无前例的全球人类悲剧，或越来越多的生境消失，从而威胁到生态系统以及生活在其中的野生物种，甚至会削减这些生态系统为人类提供最基本服务的能力。上述观点都是毫无争议的事实，过去如此，现在还是如此。但它们错就错在认为这些都预示着自然的终结。事实上，与自然的终结相比，人类的终结之日才是迫在眉睫。我在日本冈崎市时清楚地认识到了这一点。

当时我受邀参加一个探讨生物灭绝的会议。2003年完成博士学位论文后，我开始研究昆虫的灭绝，但不成系统。这在当时还是一个很小众的研究领域。我曾做过几次讲座，主题都是关于过去几百年来据说已经灭绝了的昆虫。我还花了几十个小时查证其他确已灭绝的昆虫[1]，根据这些发现写了几篇论文，还建了一个专门的网站纪念它们。我之前和一位来自新加坡的研究生许连斌有过合作（我们在现实中还没见过面），在那期间我开始研究生物的共灭绝现象，即寄生物种（如猛犸身上的虱子）由于它们赖以生存的宿主物种（猛犸）的灭绝而灭绝。[2]不知何故，经过此次合作，我收到了位于澳大利亚珀斯市的科廷大学的邀请函，受邀前往一个在日本举行的学术会议，当时我正好在日本工作。

与会者都是生物灭绝研究领域的杰出人物，他们对于全球的生物灭绝形势都有独到见解。《皮姆的世界》一书的作者斯图尔特·皮姆的发言内容，是估算全球灭绝率的研究。[3]罗伯特·科尔威尔谈到了寻找生物多样性程度最高的地区的新方法，以及这些知识会影响我们对生物灭绝理解的原因和原理。杰里米·杰克逊主要探讨了海洋中大型物种的绝迹，以及每一代人观念的转变，即如何把以前被定义为“小型”的物种视为“大型”物种，如何把一些被人类干扰了的自然环境看作自然。拉塞尔·兰德做了关于稀有物种小种群减少的讲座。总的来说，所有人的发言都传达出一个信息：虽然很难精确估算生物灭绝率，但可以肯定地说，世界陷入了困境，或者说自然界陷入了困境。这个论调在当时并不稀奇。但是，听多了野生物种生存情况日渐恶劣的言论，在座的诸位都垂头丧气，情绪低落。随后，肖恩·倪起身发言。

他当时是牛津学院的教授，虽然年轻，但在进化生物学家的圈子中已颇有名气，他充满智慧，观念超前，勇于突破常规。肖恩·倪善于发现其他学者观点的漏洞。有时他会从数学的角度进行深度研究，而在其他情况下，他仅是略有关注。这次就是属于“其他情况”。

我记得当时倪在讲座一开始展示了一个生命进化树，即一个涵盖地球上所有物种的谱系图。这棵树与教科书中的进化树几乎完全没有相似之处，教科书上大部分都只是展现了一些特定的、人们感兴趣的生物。我们可能会看到人类、猿类和一些已灭绝的人类近亲的进化树，或橡树的进化树（是的，为树类建立的进化树）。而大多数人，甚至大多数进化生物学家，都从来没见过这么大的进化树，这棵进化树不仅包括灵长类动物、哺乳动物甚至脊椎动物，还包括真菌、蛲虫和所有古老的单细胞生物。这棵生命进化树包括如此丰富的物种是有原因的。

图 11.1 就是这个生命进化树的展示图。如果上面的所有分支都详细标记，你很快会发现上面的名称大多闻所未闻。生命进化树上的一些大分支上包括微古菌门、维尔特菌门、厚壁菌门、绿弯菌门之类，还有神秘的含有“RBX1 基因”的洛基古菌门和雷神古菌门。在生命进化树上找关于人类的分支只能是徒劳无功，但这也很正常，它只是如实地反映了我们自己在生物圈中的位置。肖恩·倪展示的这棵生命进化树清楚地表明，地球上生命进化树上的大多数分支都被各种各样的微生物占据了。

哺乳动物就在生命进化树右下角的真核生物分支上，具体位置是后鞭毛生物那个小小的芽上。而人类在哺乳动物中也没什么存在感，只显示为一根毫不起眼的细枝。

从生物学上讲，肖恩·倪的演讲内容——生命进化树上几乎所有的古老分支都是微观世界中的单细胞生物谱系——无论在过去还是现在都不新鲜了。科学家们早就有此发现，“欧文革命”也涉及了这一点（详见第一章）。这一发现最早为人们所知是因为微生物学家卡尔·乌斯提出了一种研究微生物的新方法，这种方法是根据 DNA 序列对不同的生命形式进行通用比较。在此之前，人们倾向于根据物种的外观

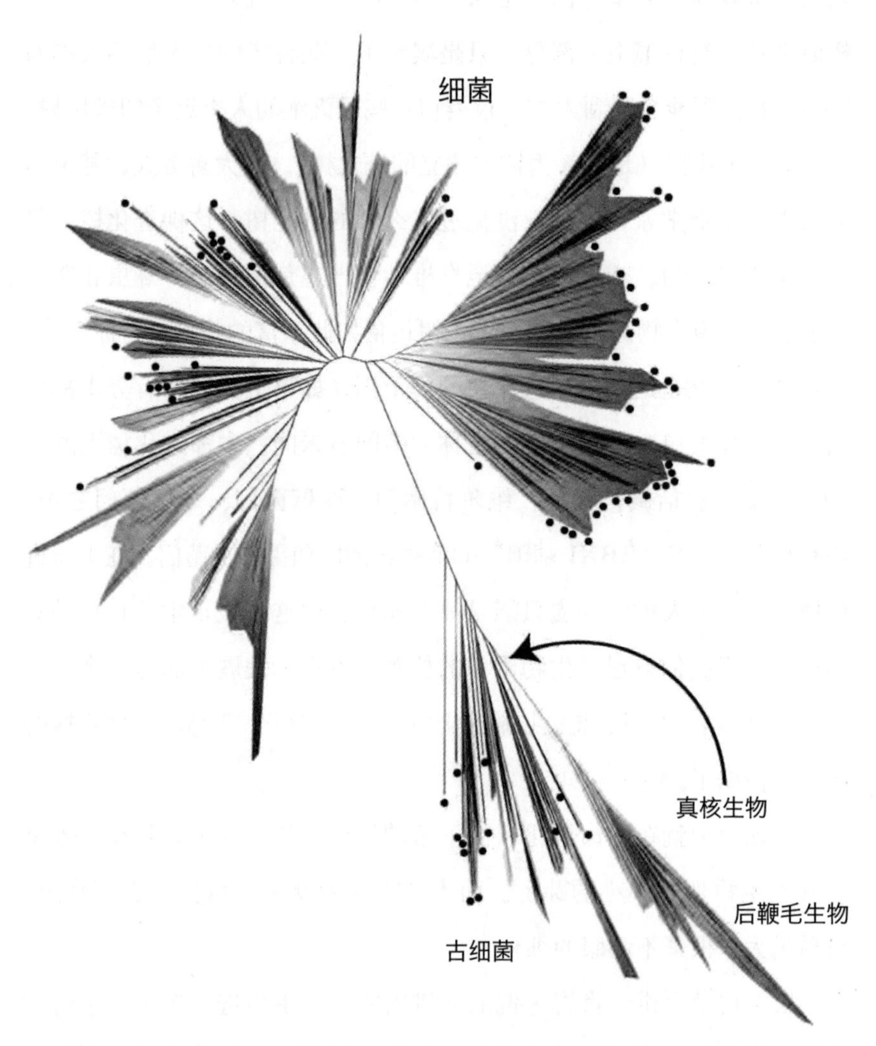

图 11.1 生命进化树包括生命的所有主要分支（但不涵盖所有物种）。在这棵树上，或者更形象点儿说，这棵灌木上，每条线都代表着一个主要的生命谱系。真核生物，即所有具有细胞核的生物，位于生命树的右下角，是箭头指向的那个扫帚状分支。真核生物包括疟原虫、藻类、植物、动物以及其他生命形式。后鞭毛生物是真核生物分支上的一个小分支，包括动物和真菌。如果把条件再缩小到动物，你会发现后鞭毛生物中的动物只占一个细长的分支。在这么全面的关系图中，脊椎动物在生命进化树上甚至无法专门占一个分支，它们只显示为一个小芽。哺乳动物则是芽中的一个细胞。按这个思路下去，人类占的位置比细胞还要小。

(形态) 或功能 (如“能在酸性条件下生长”) 来比较生物体。当乌斯用新方法进行研究时，所得结果让他大吃一惊。

在他研究的众多样本中有一种细菌，形态和其他细菌极为相似，也像很多细菌一样寄生在奶牛身上。但在研究这种细菌的基因时，乌斯发现了它和其他细菌的区别。它的基因和迄今为止人类研究过的所有细菌都不一样，因为这些细菌与其他生物存在寄生或共生关系。经过研究，乌斯能确定这根本不是细菌，而是一种全新的有机体，一种太古生物。在图 11.1 中，太古生物和人类位于同一大分支。乌斯开始意识到这种细菌 (后来他将其定名为古细菌) 虽然表面上类似于细菌，但它们与人类的相似性比与细菌的相似性更大。此外，微生物学家们——包括乌斯本人在内——都意识到，许多最古老、最独特的生命谱系的生境对于人类而言可能闻所未闻，以至于我们还没弄清楚怎样在实验室中培养它们。图 11.1 中用黑点标记的每个谱系，人类都未曾培育过。我们之所以知道它们的存在，是因为它们的 DNA 已被发现和解码，但我们不知道它们的生长需要什么条件。这些生命谱系与人类不存在依存关系，同时我们对它们的生存条件一无所知。有些物种在极热环境下才能茁壮成长；有些则偏爱极酸环境；还有的则需要火山活动产生的特定化学物质。许多物种成长缓慢，因为它们最需要的生长条件就是时间；它们的新陈代谢可能就是如此缓慢，以至于一个普通科学家穷极一生都检测不到它们的活动轨迹。

在进行论证时，肖恩·倪采纳了乌斯和其他微生物学家 (他们的研究都以肖恩·倪的理论为指导) 的观点。如果这是一场微生物学会议，那么肖恩·倪的论证可谓思路清晰、有理有据。可是，保护生物学家对他的观点不以为然。肖恩·倪在这场保护生物学会议上畅谈微生物学，在此期间，他提请与会者关注由这棵生命进化树研究产生的一个推论，即如果地球上的多样性是根据生活方式消化特定化合物的能力，甚至只按基因的独特性来测算，那么微生物在生物中的地位应该更高。[4]相比之下，哺乳动物、鸟类、青蛙、蛇、蠕虫、蛤蜊、植物、真菌和其他多细胞物种，就算加到一起也微不足道。

听到此处，在场的其他专家们猜到了肖恩·倪接下来要讲的内容。会议室里稍有躁动，而后大家屏息以待，安静了下来。肖恩·倪继续说，人类能想象到的地球遭受的最大的灾难，比如核战争、气候变化、大规模污染、生境丧失等，都可能会严重影响像人类这种多细胞物种的生存，但对生命进化树上大多数的主要物种的生存没有什么大的影响（不会导致其灭绝）。重要的是，人类的破坏行为实际上更利于许多稀有物种的繁衍。在会议的第一天，学者们谈论了珍稀的大熊猫、濒临灭绝的棕榈树以及无法挽回的生物濒危趋势。听起来似乎自然界的末日就在眼前，但肖恩·倪的观点恰恰相反。

尽管很多人对他的说法不屑一顾，但肖恩·倪的观点在某种程度上是对的。自然没有受到威胁，也不会那么快终结（换句话说，大自然接下来的几亿年的命运都不用我们担心）。如果我们所说的“自然”是指生命在地球上继续存在、古老物种丰富多样或生命保持继续进化的能力，答案就更肯定了。相反，比尔·麦克基本宣布受到威胁的、即将终结的与人类最相关的生命形式，也是人类生存中最不可或缺的生命形式，即面临威胁的是与人类的生活密切相关的物种。这听起来似乎是在玩文字游戏，但事实并非如此。

肖恩·倪的观点包括两部分。图 11.1 就是他思想的缩影，人类（以及其他和人类一样的物种）在瑰丽的自然界中不过是沧海一粟。换句话说，他特别支持“欧文革命”。但他也提出，人类和其他多细胞生物的生境只是所有物种生境集合中一个小小的子集。比起人类适应或能够忍受的自然环境条件，很多生物偏爱更极端的环境。

生命进化树显示，古人类（包括现代和已灭绝的人类以及现代和已灭绝的猿类）是大约在 1700 万年前进化来的。到古人类开始进化的时候，生命进化树上的所有主要分支基本上都已经存在了数亿甚至数十亿年。一些物种经历过地球的负氧状态，还有一些物种经历过含氧量最高的时期；有些物种经历过极热时期，有些物种经历过极寒时期。这些物种能在这些变迁及其他（由流星、火山等引发的）变迁中幸存下来，要么得益于它们强大的忍耐力，要么就是它们曾四处寻找适宜生存的小块生境，无论环境多么糟糕都挣扎着繁衍了下来。1700 万年前的环境普遍不利于物种的生存，但对人类的祖先——第一批古人类来说却并非如此。

当第一批猴子大小的古人类开始进化时，地球环境中的氧气水平基本上和现在一致。二氧化碳含量和温度都略高，这有利于早期的古人类生存。大约 190 万年前，当直立人开始进化时，氧气和二氧化碳的浓度以及温度基本上和现在一致，不过更凉爽些，这恰好也是适合现代人类居住的环境。这不是巧合。人体的大部分特征，从耐热能力、排汗能力，到呼吸能力，都是在这个时期进化而来的。换句话说，人类的谱系，就像许多现代物种谱系一样，在过去 190 万年间随着地球生态环境的变化发生了进化，而这些环境在地球的漫长历史中十分罕见。

人类在这难得一遇的环境条件下完成了进化，却误认为这种环境再正常不过了。我们总是对人体对地球环境的适应性感到理所当然，但事实是，（人类活动导致的）全球变暖现象越严重，人体就越无法适应我们周围的环境。我们越是改变世界，现实世界就越是脱离人类生态位。另外，过去通过进化来适应温度、气候和其他环境条件的物种，不再为了生存继续进化，而是寻找零星的宜居环境。即使人类的种种行为导致地球变暖，人类为满足自身发展需要而大肆污染环境，这些物种依然可能在这种条件下生存下来，甚至在某些情况下茁壮成长。

许多古老的物种谱系依赖的生存环境在人类看来似乎不可能有生命存在。一些细菌生活在海底火山喷口的高压环境下，从火山中心喷发的热气中获取能量。它们已经在那里生活了数十亿年。其中有一种细菌叫热液口火裂片菌，是地球上最耐热的细菌，可以承受高达112°C（235°F）的温度。这种细菌一旦浮出水面就会死亡，因为它们无法承受空气中的压力，不能受阳光照射，不能接触氧气，而且不耐寒。其他细菌有的存活在盐晶中，有的存活于云层里，有的则藏身于地下一英里处的石油中。有一种叫耐辐射奇球菌的细菌生活在辐射强度足以削薄玻璃结构的环境中。“二战”期间投在广岛和长崎的原子弹含有1000拉德[①] 辐射，1000拉德的辐射足以杀死人类，而耐辐射奇球菌却可以承受近200万拉德辐射。由于人类对地球的破坏而造成的几乎所有（也许是所有）的极端环境和过去的某些环境有些相近，这种环境对某些物种的生存繁衍极为有利。对这些物种而言，令人心生恐惧的未来世界却是它们理想的生存天堂，假如这种变化使地球环境回到了原始时期的状态，它们的日子则会过得更顺风顺水。

然而，我们对大多数适应在这些复现的原始环境下生存的物种知

①符号为rad，辐射吸收剂量的专用单位。——编者注

之甚少。生态学家只研究过个别物种。正如我在本书开头所指出的，生态学家的研究重点过多地放在了像人类这样体形大、眼睛大的哺乳动物和鸟类身上，其中许多物种都受到环境变化的威胁，而这些变化都是由人类的破坏行为引起的。他们还在关注正在衰退的生态系统和正在消失的物种，而不是可能发展变化的生态系统和不断进化的物种。生态学家喜欢研究热带雨林、古老的草原和岛屿，不喜欢在有毒的垃圾场和核场址工作，哪怕垃圾场和核场址距离我们更近、研究难度更小。可谁又能责怪他们呢？同时，地球上环境最极端的沙漠，偏远又荒凉，更像是一个人的流放地，而不是学校下课后一群人蜂拥而至的热闹之所。这些地方也是研究空白。结果是，我们往往对一些发展最迅速的生态系统的生态状况视而不见，对未来可能出现的极端情况视而不见。在这一点上，就连我本人也不例外。

我意识到这种认知差距的契机在几年前，当时我在研究气候变化背景下大肆繁衍的蚂蚁的数量和种类。我们使用的研究工具是一个简单的图表——惠特克生物群系图。生态学家罗伯特·惠特克有绘制温度与降水量图表的习惯（他似乎是从原德籍、现德裔美籍的生态学家赫尔穆特·利斯那里学来的）。他发现这两个变量本身就足以描述地球上大部分生物群落的特征：湿热的是雨林，干热的是沙漠，诸如此类。气候与地球上主要的生物群落之间的这种关系十分坚韧和稳定，因此生态学家约翰·劳顿将其称为“生态学最有用的普遍性”之一。

几年前，内特·桑德斯（现任密歇根大学教授）和我牵头与来自世界各地的数十名研究蚂蚁的生物学家通力合作，汇总了我们可以找到的所有关于蚂蚁群落的系统性研究。然后，我们和同事克林顿·詹金斯一起为这些进行研究的地点绘制了温度和降水量图。每个点都凝聚了一个蚂蚁生物学家数百小时的工作，这些数据点都来之不易。然而，当我们查看与地球上的气候相关的数据点时，我们发现研究还是有所遗漏。[5]

生物学家选择进行蚂蚁研究的地方与当地的气候条件有关。一些极寒环境尚未有人研究，部分原因是其中许多地方没有蚂蚁——没人会在没有蚂蚁出没的地方研究蚂蚁；最热的森林和沙漠也鲜有人涉足。并不是说我们从未研究过这些地区，只是我们对这些地方的了解还十分有限。不止在蚂蚁这一领域是如此，我们几乎能确定，在鸟类、哺乳动物、植物和大多数其他生物群落等领域都存在这种研究空白。如果我们把筛选条件换成其他参数，例如温度和降水的变化或环境的化学特性（例如 pH 值或盐度），我们可能会发现极端环境下的研究也缺乏相关数据。一般来说，从人类的角度来看，环境越极端，生活在这些环境中的蚂蚁获得人们关注的可能性就越小。

人们或许认为蚂蚁生物学家没有去极端炎热的沙漠里研究蚂蚁群落是因为那里没有蚂蚁（极寒地区也可以用这个理由）。可事实并非如此。多亏了那一小部分不畏酷热的蚂蚁生物学家比如我的朋友西姆·塞尔达，我们才对一些蚁种有所了解，例如箭蚁可以吸收热量。事实上，箭蚁比任何动物都更耐热。它们生活在世界上最热的沙漠里，还能在一天中最热的时候外出觅食。箭蚁可以在高达 55°C（131°F）的温度下存活。正如昆虫学家吕迪格·韦纳所说，它们是“热爱高温、寻求高温的酷热斗士”。[6]天气炎热时它们会收集花瓣，舔舐植物茎中的糖分，还会收集其他死于热应激的动物的尸体。

极端生境中的箭蚁种类丰富。地球上有至少一百种箭蚁，它们各不相同，但都嗜热。它们已经进化出许多适应能力以应对高温：它们长着长长的腿，能够在沙地上停留和快速奔跑；它们拥有灵活的锤腹（腹部），可以支撑身子远离沙地；它们的身体里不断产生热休克蛋白保护它们的细胞，尤其使它们的酶不受高温破坏。[7] 此外，最耐热的箭蚁是撒哈拉银蚁，它们身上覆盖着一层紧密的棱柱状毛发，可以反射几乎所有落在身上的可见光和红外光，如同一件刀枪不入的盔甲。这层盔甲不仅可以防止它们体温过高，还可以帮它们通过热辐射散发多余热量。[8]

研究撒哈拉银蚁的一大挑战是，它们喜欢出没的地方温度极高，对其他动物，包括人类来说都很危险。西姆·塞尔达在所有他能找到的撒哈拉银蚁出没的地方研究这些蚂蚁，包括西班牙最热的地区、以色列的内盖夫沙漠、土耳其干燥的安纳托利亚大草原和非洲北部的撒哈拉沙漠。他作研究时必须带足水。但这还不够，他有时还会把自己埋在沙子里降温（见图 11.2）。即便如此，蚂蚁精力充沛，生机勃勃，而他却常常萎靡不振，力不从心。正如西姆自己所说，这是因为他年

图 11.2 当温度升高到无法忍受时，西姆·塞尔达有时会把自己埋在沙子里研究箭蚁（左图）。倘若温度高到埋在沙子里也忍受不了，西姆还有其他方法降温（右图），不过这些方法使他的研究效率降低。

纪大了，再者他是人类，不像蚂蚁那么耐高温。这就为惠特克生物群系图中与高温相对应的部分没有太多数据点找到了一个合理的解释：人类在那些地方很难开展科学研究。

有些地区的箭蚁从未被人研究过，其中一个地区便是埃塞俄比亚阿法尔三角洲北部的达纳基尔沙漠，地处厄立特里亚和吉布提的边界。阿法尔三角洲位于努比亚板块、索马里板块和阿拉伯板块三个大陆板块的交会处。这些板块在此处不断分裂运动，每年大约移动两厘米。阿法尔三角洲是一个充满神奇变化的地方。这里曾经生机盎然，有着美丽的草原，长满无花果树；河流中有游荡的河马和巨大的鲇鱼；在山林间，大鬣狗追逐着野猪、羚羊和角马。那里过去就和如今的塞伦盖蒂平原一样广袤丰饶，有着丰富的物种资源和自然奇观。440 万年前，远古人类地猿始祖种生活在阿法尔三角洲。三四百万年前，著名的古人类露西所属的南方古猿也曾在此处定居。之后，直立人在这里制造石器，狩猎，甚至做饭。早在 15.6 万年前，我们的直系祖先智人就曾在该地现身。在这几千年中，该地区的自然条件完全符合古代人类和现代人类的生态位标准。后来干旱降临，这里就一直保持着干旱的状态。

现如今，达纳基尔沙漠几乎没有永久居民。在潮湿的季节，远方的牧民来此放牧，然后再去往他处，人类很难在达纳基尔定居。对于欧洲探险家来说，想要穿越该地区，其难度不亚于在南极洲旅行，二者对于人类来说都是极限挑战。在一部编年史中有关于穿越沙漠的描述，那是一段极其艰辛的旅程，在此期间“有 10 头骆驼和 3 头骡子死于口渴、饥饿和疲劳”。[9] 未来可能会有更多地方变成这样。然而，尽管我们的祖先曾经以阿法尔三角洲为家，古人类学家花费了大量时间挖掘他们的骨骼，寻找他们的踪迹，但我们对该地区现代的生态状况却知之甚少。最近似乎没有人对那里的动物多样性进行过调查，甚至没有人对已知生活在那里的蚁种进行任何详细的研究。在该地区动物研究中，大多数研究对象都是古老的、已灭绝的脊椎动物，而且这些研究是基于化石中的骨骼进行的。这实在是不应该，因为该地区的现状，尤其是达纳基尔沙漠的现状，与未来许多沙漠的预期状态最为相似。这片沙漠异常炎热，异常干燥，偶尔还会遭遇洪水，且洪水来临前毫无征兆。几乎可以肯定，这里现在是箭蚁的领地了。但还没有人研究过这些箭蚁，它们继承了这片人类祖先曾经的沃土。也许有一天，西姆会去那里研究蚂蚁，也许不会，谁又说得准呢。

研究箭蚁遍布的达纳基尔沙漠的沙石为我们提供了一个独特的视角，得以窥探未来世界常见的恶劣气候，但是我们还没有好好利用这个机会。不过这里并不是该地区最极端的生境。人们在达纳基尔沙漠一个最热、最干燥的地方发现了达洛尔——一个地热区，那里到处是温泉。温泉出现在海水渗入地下处与岩浆喷发处相接的地方。海水上升到地表形成了类似于黄石国家公园的温泉。水到达地表时接近100°C（212°F），含盐量也很高。有些地方的温泉可能含硫，或既含硫又是酸性的，这取决于泉水穿过的岩层的性质。在某些地方，温泉水的 pH 值为 0，这样的强酸性在地球上其他地方都很罕见。更重要的是，温泉周围的空气中二氧化碳含量很高，甚至会导致它们附近的动物死亡。人们有时在温泉周围会发现鸟类和蜥蜴的尸骨，它们要么是吸入了二氧化碳，窒息而死，要么误以为它是绿洲中的甘泉，饮用后死于强酸腐蚀。在某些地方，空气中还含有可能致命的高浓度的氯。温泉下的土地和它周边的土地是绿色、黄色和白色的，看起来很危险，闻起来也很危险。比起这些温泉，周围的沙漠，世界上最热的沙漠都显得没那么可怕了。然而，温泉并非对所有物种都充满敌意。实际上温泉在生活中到处可见。

西班牙天体生物学中心的费利佩·戈麦斯和他的同事，发现了大约十几种属于乌斯发现的生命谱系的太古生物，这里高温、酸性高、盐度高的温泉反而利于它们生长和生存。由这十几个物种进化出的物种加起来比地球上所有脊椎动物的总和还要多。这些种类丰富的单细胞生物可能是地球上最极端的生命形式。它们在地球上少见的极端环境条件下繁衍生息。[10] 戈麦斯研究这些物种，一部分原因是想要了解太阳系其他天体上可能存在的生命形式，例如火星或木星的第二颗卫星木卫二。达洛尔温泉中的微生物可能会被风吹到平流层甚至更远的地方，还能活下来，[11] 它们也可能会被火星探测器无意中带到了火星。(没准儿它们已经是火星居民了。）或者我们能够利用它们帮助我们在火星或其他地方定居。但这些微生物也可以作为一个标准，用来推测在（人类行为无意中导致的）最恶劣的地球自然条件下生命体的样子。这些太古生物静静地等待着人类让地球温度不断升高，不断加重土壤盐碱化，甚至提高环境的酸碱度，这样，它们才能够茁壮成长，成为地球更友好的朋友。[12]

结　语　人类灭绝后的世界

在不久的将来，地球上某些地区会更适合极端生物的生存，而非人类。我们可以找到在这种不断变化的环境中生存下来的方法，但并不能永远活下去，终有一日，人类会灭绝。所有物种都是如此。这一事实被称为古生物学的第一定律，[1]动物物种的平均寿命大概是200万年，至少专注于物种寿命研究的分类学科学家们这么认为。[2]如果我们只研究人类物种，也就是智人，那么或许我们还能再存活一段时间。智人大约是在20万年前进化的，因此我们人类仍然是一个年轻的物种。这表明，按照人类的平均年龄，我们还能活很久。另外，最年轻的物种灭绝的风险最大。和大眼睛、呆头呆脑的小狗一样，年轻的物种容易犯致命的错误。

唯一能够存活超过几百万年的物种是微生物，其中一些可以进行长时间的休眠。日本的一个研究小组最近从海底深处收集了细菌。据估计，这种细菌已有1亿多年的历史。研究小组给细菌提供氧气和食物，然后观察它们。这些细菌上次进行呼吸是哺乳动物进化初期，研究小组发现，它们在获取食物和氧气几周后，开始再次呼吸和分裂。

人们总是忍不住设想，在遥远的未来人类能够像细菌一样蛰伏（或进入假死状态），这种假设充分暴露出人类这个物种长期以来妄自尊大的本性，人类狂妄自大到认为自己能够脱离生命法则的约束。记住，只有保持谦卑低调的态度才能让我们在这个星球上活得久一些，我们应该尊重并且遵循生命法则，而不是与之为敌。我们需要保护好地球上的栖息岛屿，促进有利于人类生存的有益物种不断进化。我们需要为这些物种提供一条生态廊道，方便它们在栖息地安家落户，并且能在未来多变的气候条件下生存下来。我们需要悉心管理我们周围的生态系统，加强对人体和农作物寄生虫和害虫的控制（以防它们再次逃脱）。我们需要尽快减少温室气体的排放，从而保证地球能够最大限度地为人类提供其必需的生态位环境。此外，我们还需要找到方法，拯救和保护人类赖以生存或将来有朝一日赖以生存的物种和生态系统。同时，我们要牢记一点：人类只是大自然众多物种中的普通一员。亮晶晶、毛茸茸的被称为犀牛原生蝇的原生生物生活在白蚁肠道内，地甲虫一辈子都生活在一种巴拿马树叶上，其实我们与它们没有什么太大区别。

我们曾经一度认为太阳绕着地球转。现在我们知道，地球绕着太阳转，而太阳也只是数十亿颗恒星中普通的一员。我们曾经以为生命的传奇只属于人类。现在我们知道，微生物才是生命传奇故事的主角；人类如同一位体型庞大、行动笨拙的巨人，临近故事尾声才出现，不过是一个没有谢幕资格的小角色。我们应该努力保护地球上的其他物种使其得以繁衍生息，如同延续我们的生命历程一样。但是，我们有必要知道，不管我们怎么做，人类的一切都不是永恒的。总有一天，人类终将灭绝。随之，因人类存在而定义的地质时代——人类世——也将终结，一个新的时代将会来临。我们没有机会看到这个新的时代，但我们可以预测到它具备的种种特征，因为即使在人类消亡后，其他物种的繁衍生息依然离不开生命法则。

首先，我们可以预测到有哪些物种会因为过于依赖人类而和人类同时灭绝。由于某一个物种灭绝而导致依赖于该物种的另一个物种灭绝，这一现象被称作共灭绝。

几年前，我在与新加坡科学家许连斌教授（现为新加坡国会议员）合作研究期间，撰写了第一篇论文，论文的主题就是推测这种共灭绝现象在我们周围世界的普遍性。我、许连斌教授以及研究团队，都非常担心稀有动植物灭绝后，之前依靠它们生存的其他物种也会随之消亡。因为大多数物种之间都存在着依赖关系，所以共灭绝现象很常见。我们预估，共灭绝物种的数量与其宿主物种灭绝的数量不相上下，也就是说，许多寄生物种都会随着它们搭乘的宿主物种之船一起沉没。然而，关于这些寄生物种的灭绝现象鲜有文字记载，这是因为寄生物种体积都非常小，几乎没有人研究过它们。

有时，寄生物种在它们的宿主物种只是变得稀有（而非完全灭绝）的时候就已经灭绝了。当黑足雪貂的数量变得越来越少，只剩下少数几只时，人们就把它们圈起来，进行人工饲养和繁殖，同时清除它们身上的虱子。由于宿主的数量不断减少，再加上人类对雪貂定期除虱，目前这种黑足雪貂虱已经灭绝了。后来，人们试图在雪貂身上找到寄生的黑足雪貂虱子，但却无功而返。[3] 人们在圈养加州秃鹰时无意中把寄生在加州秃鹰身上的螨虫全部杀死了，从而导致这种螨虫灭绝。在人类实施圈养繁殖计划之前，寄生在黑足雪貂身上的虱子和加州秃鹰身上的螨类就已经是濒危物种（现在，它们都已经灭绝了）。许多物种现在都处于濒危状态，这是因为它们赖以生存的物种的数量日益减少。犀牛胃蝇是非洲最大的苍蝇，它们只能靠寄生在濒临灭绝的黑犀牛和白犀牛身上才能活下来，因此，犀牛面临的威胁同样也是苍蝇面临的威胁。[4]

通过研究共灭绝和共濒危两种现象，许连斌教授和我共同发现：共灭绝物种的数量主要由两个因素决定。首先，某个宿主物种的寄生物种越多，在宿主物种数量日渐稀少时，就会有更多的寄生物种出现共灭绝现象。其次，寄生物种对某一特定寄主物的特化程度越强，这些寄生物种灭绝的可能性就越大。

许多物种灭绝会使得对其依赖性很强的特殊物种同时灭绝，这一现象的经典案例就是行军蚁。行军蚁没有固定的巢穴。它们居无定所，在森林里不停迁移，以周围能吃的东西为食，用自己的身体搭建临时巢穴（露营），俨然一个由蚂蚁腿、蚂蚁腹和蚂蚁头建造而成的宫殿。然后雄性行军蚁飞走去寻找另一个蚁群，并与其蚁后交配，形成新的蚁群。交配后雄蚁死亡，受精的蚁后建立了自己的新蚁群帝国。为了使蚁群更好地繁衍，蚁后会带着其母亲巢穴的部分工蚁爬行离开。基于行军蚁的这种栖居方式，那些依赖行军蚁生存的物种永远不需要飞行或四处爬行寻找蚁群。它们只需要紧紧地跟随原有蚁群的蚁后或新蚁后就可以过上高枕无忧的生活。

行军蚁具备的特殊生物性特征，促使许多依赖它们的其他物种不断进化和特化。行军蚁的身上寄生着几十种螨类。我最喜欢的一种螨虫只存活于行军蚁的下颌骨，有的螨虫只能存活在行军蚁的脚上，还有一种螨虫冒充行军蚁幼虫，隐藏在幼虫中间，享受真正的行军蚁才能得到的呵护与照顾。数十种甚至数百种甲虫附着在行军蚁身上，跟随行军蚁大军四处征战。千足虫和蠹虫也是如此。数百万年间，与每一种行军蚁共存并依赖它们生存的物种数量不断增长。

我的两位导师，卡尔和玛丽安·雷腾迈耶，专门致力于研究与行军蚁共同生活的物种。他们花了成千上万个小时研究与行军蚁生活在一起的物种。他们四处寻找这些物种，做梦都想找到这些物种。通过细致的研究，他们估算某一个蚂蚁军团的栖息地周围大概生活着300多个其他动物物种（更不用说像细菌或病毒这类其他的生命体了）。卡尔和玛丽安认为行军蚁是大多数其他物种赖以生存的物种。他们称这是一个“以某一个物种为中心的最大的动物组织”。[5]当然，这个动物组织不包括人类在内。

在“大加速”时期，数不清的各种各样的物种迅速进化，变得越来越依赖人类。人类的人口增长速度越快，就会有越来越多的物种越来越依赖人类才能生存，这其中包括许多像行军蚁一样的特化物种。

看看那些和我们共同生存的物种吧。德国蟑螂能够在核辐射下存活下来。尘螨竟然在太空中存活了下来（至少有一种尘螨在俄罗斯和平号空间站存活下来）。臭虫更是不屈不挠地在自然界中生存下来。哦，对了，挪威鼠、黑鼠和家鼠也已经跟随人类殖民者的脚步一起踏上了几乎所有岛屿或大陆。但是，这些物种只有和人类在一起才能更好地生存下来。我们消灭了其他物种，使得这些物种得以存活。如果人类不在了，这一切都会发生改变。

人类灭绝后，德国蟑螂很可能会同时灭绝。臭虫将变得像人类进化史开始之前那么稀少，而且只能存活于蝙蝠洞和一些鸟巢中。这种现象在纽约市新冠病毒隔离高峰时期尤为明显。人们搬离了曼哈顿，同时减少了外出的时间。他们外出吃饭的时间减少了，在公园长椅上吃饭的时间也随之减少，总之，就是人们外出四处活动的时间普遍减少。因此，人们室外丢弃的垃圾越来越少，居住在这座城市的挪威鼠开始饱受饥饿之苦。它们变得更加具有攻击性，同时数量也在锐减。其他以人类剩饭剩菜为食的物种的数量也会有所下降，比如人行道上的蚂蚁和麻雀。[6]爱吃人类剩饭剩菜的物种离不开我们。

但是德国蟑螂、臭虫和老鼠只是诸多依靠人类生存的物种中最引人注目的几个物种。

依赖人类的物种似乎比依赖任何其他物种的物种都要多。大多数灵长类动物身上都寄生着几十种寄生虫；总的来说，人类是数千种寄生虫的宿主。[7]我们的身体还寄生着有益的肠道细菌、皮肤细菌、阴道细菌和口腔细菌，这些细菌在其他地方都不存在。同时，这些细菌中又寄生着独特的病毒和噬菌体，它们依靠依赖于人类的细菌存活。也许世界上还有更强大的宿主物种，但即便有，我也实在不知道那会是什么物种。当人类灭绝时，将会有数千个或者数万个寄生在人体内的物种随之灭绝。

在人类的身体和家园之外的环境中，存在着各种各样的依附人类的物种。自从农业出现以来，人类已经培育出数百种植物物种，并且从这些植物物种中精心繁育出近 100 万种不同的品种。这些作物种子大部分都贮存在位于挪威偏远小岛上的斯瓦尔巴全球种子库里。然而，种子库里的种子需要依靠人类才能存活。人们需要照料这些作物种子，让它们不断成长，以产生更多的种子更新储存。最终，斯瓦尔巴群岛的种子都会死亡，这一天的到来不会太久。当这些作物种子死亡时，它们赖以生长的微生物很可能已经灭绝了。目前，斯瓦尔巴全球种子库并没有贮存这些微生物（除了偶尔附着在一些种子上的微生物），它们只能寄生在田里的农作物身上。随着人类的灭绝，它们也难逃灭绝的厄运，农作物身上寄生的诸多害虫也终将消亡殆尽。

一些家畜也将随之灭绝，比如牛、鸡以及家犬。尽管现在有不少野狗，但在人类居住区以外，野狗并不常见。在大多数地区，狗需要依靠人类才能活下来，有些地方的猫也是如此，但也有例外。在阿拉斯加，野猫的寿命很短。那些活下来的野猫熬不过漫长寒冷的冬天。而在澳大利亚，数十万只猫科动物生活在内陆地区，这些野猫有可能在澳大利亚人灭绝后幸存下来。许多地区的山羊将会顽强地生存下来。在人类灭绝的环境中，山羊比蟑螂拥有更强大的生存能力。

由于人类灭绝而导致其他物种共同灭绝这一情景与当年维京人在格陵兰岛西部定居点的经历极为相似。从公元10世纪末开始，维京人就占据了格陵兰岛。他们在几个定居点进行养殖，同时也捕猎海象，并且进行象牙交易，以此维持生计。一开始格陵兰岛上的维京人住在长屋里。后来他们住在集中规划的定居点里。冬天，他们把包括绵羊、山羊、奶牛和马在内的诸多动物关在附近的棚子里。随着气候变冷，他们的生活逐渐陷入绝境，首先是（因此更冷）西部北侧定居点，然后是东部定居点。由于这个事件发生的时间并不久远，因此考古研究和书面文献都对此事件发生后几年的历史有所记载。1346年之前的某个时间，至少有两个西部定居点的居民失踪了，要么逃走了，要么死了。1346年，伊瓦尔·巴尔扎尔松来到了其中一个遗址，但没有发现任何人类。根据考古学研究记录，那些长居此地的人体寄生虫，特别是虱子和跳蚤，应该已经灭绝了。但是，巴尔扎尔松却发现了几头活着的牛和羊。考古研究也记录了这一时期有很多的寄生虫寄居在羊身上，所以巴尔扎尔松只吃掉了一些母牛，没吃其他的动物。这些动物可能已经存活了一两个冬天，但它们终将死亡。随着它们的死亡，它们身上的寄生虫也会死亡。最后，能在该遗址活下来的物种大多数都是那些与人类没有任何依附关系的物种；这些生活在格陵兰岛上的野生物种，优哉游哉地生活着，就像维京人从未来过一样。[8]

在人类灭绝之后，在最后一头牛死亡之后，生命将在存活下来的物种中获得重生。正如艾伦·韦斯曼在他《没有人类的世界》一书中所说的那样，剩下的物种终于可以“如释重负地松一口气了”。[9]之后，我们便可以预知地球重生所具备的特征。幸存下来的生命体遵循物竞天择的法则，将会重新进化成全新的、奇妙的物种。在某种程度上，我们无法预知这些奇妙生命体的具体生态特征。但是，我们可以确定的是，它们仍将遵循原有的生命法则繁衍生息。

通过研究过去 5 亿年的进化史，我们能得到一个非常肯定的结论：物种大规模灭绝之后的新世界必定和旧世界相契合。三叶虫灭绝之后并没有出现更多的三叶虫，最大的食草恐龙灭绝后也没有出现更大的恐龙，甚至没有类似大小的食草型哺乳动物（奶牛不同于雷龙）。我们不能根据过去世界的种种细节来预测未来世界的种种细节（反之亦然）。这一观点被称为古生物学第五定律。[10]

在物种大灭绝之后，熟悉的主题可能再次出现在进化之中，成为其得力助手，就像两位爵士音乐家会相互配合对方即兴演奏一样。

进化生物学家认为这些主题具有趋同性，也就是说，在类似情况下，被空间、历史或时间分隔开的两个谱系在相似的条件下演化出相似的特征。有时，趋同的主题是微妙而独特的。犀牛的角让人联想起三角龙的角。在其他情况下，这种趋同现象更明显，并且以以下事实为基础：即每种物种的生活方式都是有限的。生活在沙漠中的蜥蜴可以进行六次进化，长出花边状脚趾，这样更有利于它们在沙漠中奔跑。古代的海洋掠食者看起来形同鲨鱼，现有的海洋捕食者，包括鲨鱼、海豚和金枪鱼，都有着极为相似的外形。它们的游动方式也十分相似(鲭鲨和金枪鱼游动时都只摆动 1/3 的躯干)。生活在洞穴中的古代哺乳动物往往长着大屁股（用来堵住洞穴），或者至少有一双用于挖掘的大脚，而且有储存食物的习惯。这和现有的挖掘哺乳动物的生存方式非常相似。

某些谱系的趋同进化令人惊叹，它拥有一种细致的崇高感。正如进化生物学家乔纳森·洛索斯在他关于趋同进化的著作《不可思议的生命》中指出的那样，非洲豪猪和美洲豪猪看起来非常相似，[11] 浑身长满长长的尖刺。它们走起路来左右摇摆，以树皮为食。和一般的哺乳动物一样，它们并不是特别聪明，但是它们已经独立地进化出了这些特性。它们之间的关系并不比它们和豚鼠之间的关系密切多少。在物竞天择法则的精挑细选之下，每次只能有一代存活下来，它们跌跌撞撞、蹒跚而行，最终选择了不寻常但又极为相似的方式生存下来。

位于新墨西哥州的图拉罗萨盆地的沙丘是白色的，所以在此处生活的栅栏蜥蜴和袖珍老鼠都进化成了白色，以方便它们隐藏。深色蜥蜴会被掠食者发现并吃掉，一次次捕猎经历使得它们的基因从种群基因中分离出来。它们的近亲生活在图拉罗萨盆地附近的棕褐色草原上，因此它们的皮毛是棕褐色和灰色的，非常便于隐藏在草丛中。而它们生活在图拉罗萨盆地熔岩区的近亲的皮毛则接近黑色，与熔岩石的颜色非常相配。[12] 这种变化有什么局限性吗？如果我们把沙漠染成粉红色，蜥蜴的身体会进化成粉红色或者黄色吗？如果它们基因变异遇到合适的时机，如果它们拥有足够的时间，这或许会发生。

在干燥的沙漠中，小型哺乳动物有六次机会进化出用两条腿跳跃的本事。沙漠地区天气炎热、气候干燥，植物中盐分很高，所以哺乳动物的两个部位会发生两次进化，一个是嘴里长出长毛，用以滤掉植物中的盐分（方便吃掉它的叶子），另一个是肾脏能更好地消化高盐分食物。与此同时，生活在岛屿上的曾经的大型哺乳动物的体形进化得越来越小（比如微型大象、微型猛犸象）。在没有大型动物的环境中，体形较小的动物则会进化得越来越大（比如生活在陆地上的巨型加勒比猫头鹰）。同样，正如我前面提到的，飞行动物的飞行能力反而会逐渐退化直至消失。最近的一项研究认为，栖居在岛屿的鸟类失去飞行能力的概率比人们想象的要高不止100倍。我们忽略了这个现象，我们忽略了在群岛上生活着的这一群一群长着粗短翅膀、走路摇摇晃晃的小野兽。它们非常微不足道，因为一旦人类占据这些岛屿，这些鸟类就很容易灭绝。当人类开始统计世界上物种的数量时，这些鸟类早已消失殆尽。[13]

有时，我们可以通过严格的实验、精密的计算、参考相关数据，对趋同进化现象进行更加细致的研究和了解。乔纳森·洛索斯专门研究生活在加勒比海的变色蜥蜴。他的脑袋就像女巫的锅一样，里面放满了蜥蜴的尾巴和脚。洛索斯通过细致的研究认为，当变色蜥蜴来到加勒比海岛屿时，人们推测它们通常会（甚至可以说不可避免地）进化为三个基本物种。有些蜥蜴进化成了生活在树冠上的物种，它们那毛茸茸的脚适合倒挂在树枝上。其他蜥蜴则以细枝为生，它们的脚也毛茸茸的，但它们的腿很短，尾巴也很短，这样它们就不会从树枝上掉下来。还有的蜥蜴进化出了大长腿，而且脚趾垫很小，善于在地面上奔跑。栖居在加勒比地区的四个大岛上的变色蜥蜴，在各自的岛屿上各自进化一次或者多次，要让变色蜥蜴在加勒比海地区繁衍生息，采取的方法有许多种。[14]

当然，我在这本书中已经讨论过趋同进化现象，当人类的行为对自然造成极大破坏时，这种趋同现象就会迅速出现。耐药性细菌、昆虫、杂草和真菌的进化是可以预测的。它们的耐药性通常是由趋同进化现象造成的。迈克尔·贝姆的巨型平板培养皿实验可以反复进行的原因也在于这种趋同进化现象的存在。在某些情况下，这种趋同不仅与抗性的进化有关，而且与抗性保护物种的机制有关，甚至还与产生这种抗性的基因有关。

趋同进化的诸多例子表明，生命的法则将会决定未来重新进化的物种。总的来说，这些例子表明了进化的一般趋势，而不是单个物种的具体生物学特性。过去研究物种的生物学特性有时能够帮助我们做出准确的预测。例如，密歇根大学的教员理查德·亚历山大长期研究昆虫群落的进化，其中包括蚂蚁、蜜蜂、白蚁和黄蜂。在这些昆虫社会中，有些昆虫（比如蚁后、蜂后和蜂王）负责产卵繁殖后代，其他大多数没有繁殖能力的昆虫就被称为工蚁或工蜂，为它们的蚁后或蜂后辛勤劳作。这样的昆虫社会被称为“真社群性社会”。从进化的角度来看，真社群性社会尤其与众不同。在进化过程中，生物体唯一的“目标”是遗传自己的基因，但是工蜂和工蚁却放弃了这个宝贵的机会。它们照料蚂蚁卵或蜂卵，养育幼蚁或幼蜂，负责寻找食物，此外，它们还要保护家园。只有在极度特殊的情况下，它们才会产卵繁殖。

对于工蚁或工蜂来说，它们放弃繁殖机会（对其种群进化）的唯一好处就是能够提高种群基因遗传的成功率，同时最大限度地保持种族基因的纯度。亚历山大发现了这种真社群性社会发展的外在条件。他指出当拥有相似基因的近亲个体在一起共同生活时，真社群性社会的发展往往就会有趋同性。当食物呈块状比较分散时（这些零散的食物足以让几乎所有个体成员吃饱），它们就会发展壮大。当所有社会成员团结一致、共同保卫家园时，它们就会发展壮大。至少昆虫社会是这样的。例如，正如书中前面提到的，白蚁是在有限的原木空间中从蟑螂进化而来的。在原木社会环境中，近亲繁殖是常见的（因此个体之间有密切的亲缘关系），它们有着共同的食物和家庭，并且食物呈分散性，它们随时随地准备好保护家园。

世界上并不存在真社会性鸟类、爬行动物或两栖动物。起码在亚历山大写文章研究时，并没有发现真正的真社会性哺乳动物。但从1975年开始，亚历山大在北卡罗来纳州立大学和其他地方的一系列讲座中预测这种哺乳动物可能存在。亚历山大并不是在预测未来，他是在对当今世界尚未被研究的领域进行具体的细节推测。亚历山大对这种尚未被发现的哺乳动物的生物学特性做了12项详细的推测。[15] 这种哺乳动物可能生活在季节性气候的沙漠中。它可能生活在地下，并以根茎为食，它也很有可能是一种啮齿动物。亚历山大在一次又一次的演讲中反复提出他的预测。1976年，当他在北亚利桑那大学进行演讲时，一位听众，乳腺学家理查德·沃恩，站起来表达了他的观点，大意是："好吧，对不起，你的这个描述听起来像是在说一种裸鼹鼠。"哺乳动物学家詹妮弗·贾维斯随后的研究表明，裸鼹鼠的生态特征非常符合亚历山大预测的真社会性哺乳动物的生态特征：生活在沙漠地下，赤裸无毛，皮肤松弛，以根茎为食。[16]

召集一群进化生物学家，问问他们对人类消失之后的生命会有什么亚历山大式的预测，这将是一件很有趣的事情。我对我的同事们进行的非正式调查表明，他们一致同意，在人类灭绝后，新物种的进化方式取决于灭绝的物种数量。总的来说，想必他们也会赞同随着时间的推移，生命体往往会变得更加多样化和复杂化，这种观点有时也被认为是一种古生物学定律。因此，如果有一个物种的一个谱系生存下来，它将会不断进化出更多的物种。以哺乳动物为例：如果哺乳动物的代表物种依然活着，那么它们可能会以过去的进化方式重新进化。如果现在地球上只剩下六种野生猫科动物，那么每一种猫科动物都可能根据其栖息地和生物特性进化出十几种不同的新猫科物种，有的物种身形更大，有的则更小。犬类也是如此：某一个狼或狐狸物种都能进化出许多新的品种。有些物种可能与我们今天熟悉的物种有明显的相似之处，而另一些物种则会有所不同，这很难推测。事实上，我们过去就有类似的例子。胎盘类哺乳动物和有袋类哺乳动物都曾经进化出过掠食性哺乳动物。灰狼是一种胎盘类哺乳动物；袋狼则是一种掠食性有袋类哺乳动物。哥本哈根大学的助理教授克里斯蒂·希普斯莱仔细地对比了胎盘类哺乳动物和有袋类哺乳动物的头骨样本，她发现袋狼的头骨与灰狼的头骨很相似，而不太像其他有袋类哺乳物种的头骨。这两个物种都进化成为一种中等大小的食肉动物，这显示出了进化过程具有明显的趋同性，而且这种趋同性是可以预测出来的。而另一方面，包括袋熊在内的许多有袋类哺乳动物，与其他有袋类哺乳动物的相似程度，远远超过它们与任何胎盘类哺乳动物的相似程度。[17]

我的同事包括乔纳森·洛索斯也同样认为，猫或其他任何一类哺乳动物拥有重复多样化的另一个可预测特征。一般来说，在寒冷的气候条件下，温血动物的体型往往会进化得越来越大。体型较大的动物用于散热的皮肤表面积相对较小。相反，当气温较高时，它们的体型会进化得更小（这被称为伯格曼法则）。体型较小的动物有更多的表面积散热。如果人类在未来很久后的冰川周期中灭绝，体型较大的生物个体更有可能生存下来，而且会进化出许多谱系。

如果人类在气候变暖时灭绝，许多物种，特别是哺乳动物物种，可能会进化出更小的体型。有大量的文字记载了在地球上一个异常炎热时期内小型哺乳动物的进化过程。体型极小的马发生了进化。[18] 物竞天择法则一如既往地发挥作用，它无视一切。这些体型超小的小马的确存在过，在古老而温暖的世界里欢腾跳跃，这真是天马行空般的一幕。自近代以来，炎热的天气对单个物种体型的影响就已经得以显现。在过去的 2.5 万年里，美国西南部沙漠中的林鼠的体型一直在随着气候的变化而变化。天热时它们的身体会缩小；天气凉爽时，它们的身体就会变大。[19]

如果人类的灭绝会引起一波更极端的物种灭绝浪潮，那么物竞天择法则会进一步为重塑新世界推波助澜，肆意处置存活下来的零星残余物种。《人类消失后的地球》的作者简·扎拉谢维奇和金·弗里德曼，曾设想大多数哺乳动物物种灭绝的场景，他们假设一系列新型哺乳动物可能会进化。[20] 他们一开始假设最有可能进化各种新物种的生物体会是那些已经广泛存在的生物体，它们可以在没有人类的情况下生存下去，也会因为人类的缺席（这也意味着没有船只、飞机、汽车和其他交通工具）而孤立无援。他们认为老鼠符合这些标准；老鼠将会主宰未来。一些老鼠物种种群非常依赖人类（因此也依赖人类的存在）。然而，有许多老鼠物种，甚至一些与人类关系密切的老鼠物种的种群无法掌控世界；但是它们或许能孕育出未来的哺乳动物种群。扎拉谢维奇和弗里德曼写道：

> 如果它们真的能做到，那么或许目前存活的鼠类能够进化出

各种各样的啮齿类动物物种。……它们的后代可能形状各异和大小不一；有些比鼩鼱还小，有些和大象一样大，在草原上自在生活；还有一些则像豹子一样敏捷、强壮、具有攻击性和杀伤力。出于好奇，同时也为了扩大选择范围，我们认为可能还会进化出一两种大型裸鼠。它们生活在洞穴中，用岩石制作原始工具，穿着它们猎杀并吃掉的其他哺乳动物的皮。我们可以设想，它们还能进化出生活在海洋中的类似海豹的啮齿动物，以及猎杀它们的凶残的食肉啮齿动物，它们都拥有类似今天的海豚和过去的鱼龙般光滑、流线型的外表。[21]

除了我们想象的种种进化场景，无论是从生命的趋同进化还是其他的角度来看，人们也会思考那些不常见的、任何人都不曾预料到的场景。如果世界上没有大象，我们真的能想象出来它们的样子吗？如果世界上根本没有啄木鸟，我们也能想象出它们的外貌和习性吗？它们独特的生活方式和特征（比如大象的长鼻子和啄木鸟的喙）只进化了一次。但我担心我们没有足够的创造力去想象这两个物种会进化得如此顺利，并且与我们知道的物种差别很大。当画家画这些想象中的物种时，他们（比如亚历克西斯·罗克曼）经常把它们画成好几个头或很多条腿（罗克曼和希罗尼穆斯·博施就经常这么做）。或者他们将不同生物的特征结合在一起（比如剑齿、鹿角、兔耳和偶蹄）。这看起来要么是基因过于混杂，根本无法生存（长着那么多的脑袋），要么过于可怕诡异。但是说实话，地球上也确实有一些物种外貌比较怪异。例如，鸭嘴兽拥有鸭嘴、蹼足、有毒的马刺以及其他奇奇怪怪的外貌特征。如果我们从未见过鸭嘴兽，我们真的能想象出它们奇特的外貌和习性吗?

在思考遥远的未来拥有的不同寻常的特征时，我们常常想，在人类灭绝后，是否会有一个物种进化出超乎寻常的智慧，也就是说，类似人类的智慧（拥有这种智慧的人类使得地球变暖，自己也深受其害）。人类消失后，聪明绝顶的乌鸦或者被称为城市建筑师的海豚会成为未来世界的主宰吗？我们的答案是“或许吧”。我在一次采访中，和乔纳森·洛索斯聊起智慧生命的未来。他认为，如果拥有足够的时间，其他一些灵长类动物可能也会进化出类似人类的智慧。这也许是真的。但如果人类消灭了灵长类动物，他就不太确定这会不会发生了。[22] 不管怎样，我们目前拥有的智慧也只在一定条件才有用武之地。当我们周围常年出现越来越多的不确定因素时，人类的智慧作用也越来越巨大。但是，这也有一定的上限，一旦这种不确定性超过这一上限时，无论多么强大的大脑都会无计可施。也许这正是我们终将面对的未来。拜人类所赐，地球自然环境变化越来越无常，已远非人类创造性智慧所能掌控。有时，地球自然环境充满挑战性，幸存下来的物种不是聪明的物种，而是运气比较好，而且繁殖能力强的物种。在聪明的乌鸦和繁殖能力极强的鸽子之间的较量中，有时鸽子会赢。

也许，未来世界会有一种与众不同的创造性智慧重新称霸地球。市面上出现了许多相关的著作，作者在书中都略带急切地考虑了一个问题：各种机器人拥有的人工智能是否会统治地球。这些机器人具有学习能力，并已在野外反复实践。我们是不是正在创造人工智能计算机系统，当人类灭绝后，这些系统可能会自我复制或者再生？它们需要自己寻找能源，它们需要能够自我修复。

然而，有很多著作认可这种可能性。这些（计算机控制的）机器人会四处走动，会思考问题，会交配繁衍后代而且还能自给自足，关于它们是否会统治世界，我打算把这个问题留给这些书的作者进行讨论。同时，我们发现了一个有趣的现象：假设我们发明一个可以持续生活在地球的物种，要比假设我们自己可以做到这一点更容易。

但还有另一种智慧，即分布式智慧，这种智慧存在于蜜蜂、白蚁，尤其是蚂蚁身上。蚂蚁并不具有创造性的智慧，至少蚂蚁个体没有这种智慧。相反，它们拥有的智慧来自它们运用规则处理问题的能力。这些固定的规则赋予它们集体强大的创造力。从这个角度来看，蚂蚁和其他昆虫群落简直就是计算机诞生之前的计算机生命体。它们的智慧与我们的智慧有很大不同。它们没有自我意识，它们无法预测未来，它们不会为其他物种的灭绝而悲伤，甚至不会为自己的死亡而悲伤。但是，它们可以建立牢固耐用的巢穴。最古老的白蚁丘可能在最古老的人类城市出现之前就已经存在。群居昆虫采取可持续性放养方式进行繁育。切叶蚁在新鲜的树叶上放养真菌，然后用这些真菌喂食它们的宝宝。白蚁也会选择在干枯的叶子上放养真菌喂食白蚁宝宝。它们可以用自己的身体架起桥梁。它们是人们想象中的自学自立的机器人未来的样子。它们具备生命的特征，而且它们已经存在，它们掌控的地球上的生物量和我们掌控的数量不相上下。它们掌管的世界比我们统治的世界更安静，但总的来说，它们管理世界的方式与我们没有什么不同。在我们消失后，这个世界会在它们的统治下蓬勃发展，直到它们也灭绝。

在昆虫社会消失后，这个世界很可能就变成微生物的天下；但是说实话，自从生命伊始，微生物就一直遍布在这个世界的每一个角落。正如古生物学家斯蒂芬·杰伊·古尔德在他的《生命的壮阔》一书中所言："自从第一批化石——当然是细菌——被埋在岩石中以来，我们的星球一直处于'细菌时代'。"[23] 一旦蚂蚁灭绝，细菌的时代会到来，或者说微生物时代开始，直到有一天，由于各种天体因素，微生物也不得不面对地球的极端环境条件，然后灭绝。随后，地球将再一次受到物理和化学双重力量的驱动，孤独运转；无数的生命规则在此失去效力；这颗行星，终将归于平静和沉寂。[24]

注　释

维多利亚·普赖尔、T.J. 凯莱赫和布兰登·普罗亚为全书的编辑工作提供了非常有价值的建议。克里斯塔·克拉普启发我从投资者的角度思考生命法则的影响和后果。北卡罗来纳州立大学的应用生态系和哥本哈根大学的进化全息基因组学中心为本书提供了翔实的背景资料。美国国家科学基金会为本书中的研究实验提供了大量资金；我们通过研究基础生物学，充分了解了具有现实意义和实用性的真理。本书的顺利完成离不开斯隆基金会的大力支持。在此，我要特别感谢多伦·韦伯，他见证了本书的创作过程和顺利面世（如他所愿）。一如既往，我最应该感谢的人是莫妮卡·桑切斯。她不得不在凌晨 2 点听我谈论生命法则，而且不止一次边吃早餐边听我谈论疾病地理学，还沿着丹麦风景如画的海岸线和我散步，共同讨论海平面上升的问题。谢谢你，莫妮卡。

引　言

1. Ghosh, Amitav, *The Great Derangement: Climate Change and the Unthinkable* (Chicago University Press, 2016), 5.

2. Ammons, A. R., "Downstream," in *Brink Road* (W. W. Norton, 1997).

3. Weiner, J., *The Beak of the Finch: A Story of Evolution in Our Time* (Knopf, 1994), 298.

4. Martin Doyle provided very useful insights about the Mississippi and its workings. See Martin's extraordinary book about America's rivers: Doyle, Martin, *The Source: How Rivers Made America and America Remade Its Rivers* (W. W. Norton, 2018).

第一章　生命中的出其不意

1. Steffen, W., W. Broadgate, L. Deutsch, O. Gaffney, and C. Ludwig, "The Trajectory of the Anthropocene: The Great Acceleration," *Anthropocene Review* 2, no. 1 (2015): 81–98.

2. Comte de Buffon, Georges-Louis Leclerc, *Histoire naturelle, générale et particulière*, vol. 12, *Contenant les époques de la nature* (De L'Imprimerie royale, 1778).

3. Gaston, Kevin J., and Tim M. Blackburn, "Are Newly Described Bird Species Small-Bodied?," *Biodiversity Letters* 2, no. 1 (1994): 16–20.

4. National Research Council, *Research Priorities in Tropical Biology* (US National Academy of Sciences, 1980).

5. Rice, Marlin E., "Terry L. Erwin: She Had a Black Eye and in Her Arm She Held a Skunk," *ZooKeys* 500 (2015): 9–24; originally published in *American Entomologist* 61, no. 1 (2015): 9–15.

6. Erwin, Terry L., "Tropical Forests: Their Richness in Coleoptera and Other Arthropod Species," *The Coleopterists Bulletin* 36, no. 1 (1982): 74–75.

7. Stork, Nigel E., "How Many Species of Insects and Other Terrestrial Arthropods Are There on Earth?," *Annual Review of Entomology* 63 (2018): 31–45.

8. Barberán, Albert, et al., "The Ecology of Microscopic Life in Household Dust," *Proceedings of the Royal Society B: Biological Sciences* 282, no. 1814 (2015): 20151139.

9. Locey, Kenneth J., and Jay T. Lennon, "Scaling Laws Predict Global Microbial Diversity," *Proceedings of the National Academy of Sciences* 113, no. 21 (2016): 5970–5975.

10. Erwin, quoted in Strain, Daniel, "8.7 Million: A New Estimate for All the Complex Species on Earth," *Science* 333, no. 6046 (2011): 1083.

11. The origin of this quotation is described in Robinson, Andrew, "Did Einstein Really Say That?," *Nature* 557, no. 7703 (2018): 30–31.

12. Liu, Li, Jiajing Wang, Danny Rosenberg, Hao Zhao, György Lengyel, and Dani Nadel, "Fermented Beverage and Food Storage in

13,000 Y-Old Stone Mortars at Raqefet Cave, Israel: Investigating Natufian Ritual Feasting," *Journal of Archaeological Science: Reports* 21 (2018): 783–793.

13. Based on estimates by Jack Longino.

14. Hallmann, Caspar A., et al., "More Than 75 Percent Decline over 27 Years in Total Flying Insect Biomass in Protected Areas," *PLOS ONE* 12, no. 10 (2017): e0185809.

15. Thanks to Brian Wiegmann, Michelle Trautwein, Frido Welker, Martin Doyle, Nigel Stork, Ken Locey, Jay Lennon, Karen Lloyd, and Peter Raven for reading and thoughtfully commenting on this chapter. Thomas Pape provided especially generous and useful comments.

第二章 加拉帕戈斯群岛的"都市文明"

1. Wilson, Edward O., *Naturalist* (Island Press, 2006), 15.

2. Gotelli, Nicholas J., *A Primer of Ecology*, 3rd ed. (Sinauer Associates, 2001), 156.

3. Moore, Norman W., and Max D. Hooper, "On the Number of Bird Species in British Woods," *Biological Conservation* 8, no. 4 (1975): 239–250.

4. Williams, Terry Tempest, *Erosion: Essays of Undoing* (Sarah Crichton Books, 2019), ix.

5. Quammen, David, *The Song of the Dodo: Island Biogeography in an Age of Extinction* (Scribner, 1996); Kolbert, Elizabeth, *The Sixth Extinction: An Unnatural History* (Henry Holt, 2014).

6. Chase, Jonathan M., Shane A. Blowes, Tiffany M. Knight, Katharina Gerstner, and Felix May, "Ecosystem Decay Exacerbates Biodiversity Loss with Habitat Loss," *Nature* 584, no. 7820 (2020): 238–243.

7. MacArthur, R. H., and E. O. Wilson, *The Theory of Island Biogeography*, Princeton Landmarks in Biology (Princeton University Press, 2001), 152.

8. Darwin, Charles, *Journal of Researches into the Geology and Natural History of the Various Countries Visited by H.M.S. Beagle, Under the Command of Captain FitzRoy, R.N., from 1832 to 1836* (Henry Colborun, 1839), in chap. 17.

9. Coyne, Jerry A., and Trevor D. Price, "Little Evidence for Sympatric Speciation in Island Birds," *Evolution* 54, no. 6 (2000): 2166–2171.

10. Darwin, Charles, *On the Origin of Species*, 6th ed. (John Murray, 1872), in chap. 13.

11. Quammen, *The Song of the Dodo*, 19.

12. Izzo, Victor M., Yolanda H. Chen, Sean D. Schoville, Cong Wang, and David J. Hawthorne, "Origin of Pest Lineages of the Colorado Potato Beetle (Coleoptera: Chrysomelidae)," *Journal of Economic Entomology* 111, no. 2 (2018): 868–878.

13. Martin, Michael D., Filipe G. Vieira, Simon Y. W. Ho, Nathan Wales, Mikkel Schubert, Andaine Seguin-Orlando, Jean B. Ristaino, and M. Thomas P. Gilbert, "Genomic Characterization of a South American Phytophthora Hybrid Mandates Reassessment of the Geographic Origins of *Phytophthora infestans*," *Molecular Biology and Evolution* 33, no. 2 (2016): 478–491.

14. McDonald, Bruce A., and Eva H. Stukenbrock, "Rapid Emergence of Pathogens in Agro-Ecosystems: Global Threats to Agricultural Sustainability and Food Security," *Philosophical Transactions of the Royal Society B: Biological Sciences* 371, no. 1709 (2016): 20160026.

15. Puckett, Emily E., Emma Sherratt, Matthew Combs, Elizabeth J. Carlen, William Harcourt-Smith, and Jason Munshi-South, "Variation in Brown Rat Cranial Shape Shows Directional Selection over 120 Years in New York City," *Ecology and Evolution* 10, no. 11 (2020): 4739–4748.

16. Combs, Matthew, Kaylee A. Byers, Bruno M. Ghersi, Michael J. Blum, Adalgisa Caccone, Federico Costa, Chelsea G. Himsworth, Jonathan L. Richardson, and Jason Munshi-South, "Urban Rat Races: Spatial Population Genomics of Brown Rats (*Rattus norvegicus*) Compared Across Multiple Cities," *Proceedings of the Royal Society B: Biological Sciences* 285, no. 1880 (2018): 20180245.

17. Cheptou, P.-O., O. Carrue, S. Rouifed, and A. Cantarel, "Rapid Evolution of Seed Dispersal in an Urban Environment in the Weed *Crepis sancta*," *Proceedings of the National Academy of Sciences* 105, no. 10 (2008): 3796–3799.

18. Thompson, Ken A., Loren H. Rieseberg, and Dolph Schluter, "Speciation and the City," *Trends in Ecology and Evolution* 33, no. 11 (2018): 815–826.

19. Palopoli, Michael F., Daniel J. Fergus, Samuel Minot, Dorothy T. Pei, W. Brian Simison, Iria Fernandez-Silva, Megan S. Thoemmes, Robert R. Dunn, and Michelle Trautwein, "Global Divergence of the Human Follicle Mite *Demodex folliculorum*: Persistent Associations Between Host

Ancestry and Mite Lineages," *Proceedings of the National Academy of Sciences* 112, no. 52 (2015): 15958–15963.

20. I am very grateful to Christina Cowger, Fred Gould, Jean Ristaino, Yael Kisel, Tim Barraclough, Jason Munshi-South, Ryan Martin, Nate Sanders, Will Kimler, George Hess, and Nick Gotelli, all of whom provided useful comments on this chapter.

第三章 偶造方舟

1. Pocheville, Arnaud, "The Ecological Niche: History and Recent Controversies," in *Handbook of Evolutionary Thinking in the Sciences*, ed. Thomas Heams, Philippe Huneman, Guillaume Lecointre, and Marc Silberstein (Springer, 2015), 547–586.

2. Munshi-South, Jason, "Urban Landscape Genetics: Canopy Cover Predicts Gene Flow Between White-Footed Mouse (*Peromyscus leucopus*) Populations in New York City," *Molecular Ecology* 21, no. 6 (2012): 1360–1378.

3. Finkel, Irving, *The Ark Before Noah: Decoding the Story of the Flood* (Hachette UK, 2014).

4. Terando, Adam J., Jennifer Costanza, Curtis Belyea, Robert R. Dunn, Alexa McKerrow, and Jaime A. Collazo, "The Southern Megalopolis: Using the Past to Predict the Future of Urban Sprawl in the Southeast US," *PLOS ONE* 9, no. 7 (2014): e102261.

5. Kingsland, Sharon E., "Urban Ecological Science in America," in *Science for the Sustainable City: Empirical Insights from the Baltimore School of Urban Ecology*, ed. Steward T. A. Pickett, Mary L. Cadenasso, J. Morgan Grove, Elena G. Irwin, Emma J. Rosi, and Christopher M. Swan (Yale University Press, 2019), 24.

6. Carlen, Elizabeth, and Jason Munshi-South, "Widespread Genetic Connectivity of Feral Pigeons Across the Northeastern Megacity," *Evolutionary Applications* 14, no. 1 (2020): 150–162.

7. Tang, Qian, Hong Jiang, Yangsheng Li, Thomas Bourguignon, and Theodore Alfred Evans, "Population Structure of the German Cockroach, *Blattella germanica*, Shows Two Expansions Across China," *Biological Invasions* 18, no. 8 (2016): 2391–2402.

8. Thanks to Adam Terando, George Hess, Nate Sanders, Nick Haddad, Jen Costanza, Jason Munshi-South, Doug Levey, Heather Cayton, and Curtis Belyea, all of whom read this chapter and provided helpful comments.

第四章　最后的逃离

1. Xu, Meng, Xidong Mu, Shuang Zhang, Jaimie T. A. Dick, Bingtao Zhu, Dangen Gu, Yexin Yang, Du Luo, and Yinchang Hu, "A Global Analysis of Enemy Release and Its Variation with Latitude," *Global Ecology and Biogeography* 30, no. 1 (2021): 277–288.

2. Seyfarth, Robert M., Dorothy L. Cheney, and Peter Marler, "Monkey Responses to Three Different Alarm Calls: Evidence of Predator Classification and Semantic Communication," *Science* 210, no. 4471 (1980): 801–803.

3. Headland, Thomas N., and Harry W. Greene, "Hunter-Gatherers and Other Primates as Prey, Predators, and Competitors of Snakes," *Proceedings of the National Academy of Sciences* 108, no. 52 (2011): E1470–E1474.

4. Dunn, Robert R., T. Jonathan Davies, Nyeema C. Harris, and Michael C. Gavin, "Global Drivers of Human Pathogen Richness and Prevalence," *Proceedings of the Royal Society B: Biological Sciences* 277, no. 1694 (2010): 2587–2595.

5. Varki, Ajit, and Pascal Gagneux, "Human-Specific Evolution of Sialic Acid Targets: Explaining the Malignant Malaria Mystery?," *Proceedings of the National Academy of Sciences* 106, no. 35 (2009): 14739–14740.

6. Loy, Dorothy E., Weimin Liu, Yingying Li, Gerald H. Learn, Lindsey J. Plenderleith, Sesh A. Sundararaman, Paul M. Sharp, and Beatrice H. Hahn, "Out of Africa: Origins and Evolution of the Human Malaria Parasites *Plasmodium falciparum* and *Plasmodium vivax*," *International Journal for Parasitology* 47, nos. 2–3 (2017): 87–97.

7. For more on the story of the evolution of these parasites, see Kidgell, Claire, Ulrike Reichard, John Wain, Bodo Linz, Mia Torpdahl, Gordon Dougan, and Mark Achtman, "*Salmonella typhi*, the Causative Agent of Typhoid Fever, Is Approximately 50,000 Years Old," *Infection, Genetics and Evolution* 2, no. 1 (2002): 39–45.

8. Araújo, Adauto, and Karl Reinhard, "Mummies, Parasites, and Pathoecology in the Ancient Americas," in *The Handbook of Mummy Studies: New Frontiers in Scientific and Cultural Perspectives*, ed. Dong Hoon Shin and Raffaella Bianucci (Springer, forthcoming).

9. Bos, Kirsten I., et al., "Pre-Columbian Mycobacterial Genomes Reveal Seals as a Source of New World Human Tuberculosis," *Nature* 514, no. 7523 (2014): 494–497.

10. Wolfe, Nathan D., Claire Panosian Dunavan, and Jared Diamond, "Origins of Major Human Infectious Diseases," *Nature* 447, no. 7142 (2007): 279–283.

11. Koch, Alexander, Chris Brierley, Mark M. Maslin, and Simon L. Lewis, "Earth System Impacts of the European Arrival and Great Dying in the Americas After 1492," *Quaternary Science Reviews* 207 (2019): 13–36.

12. Matile-Ferrero, D., "Cassava Mealybug in the People's Republic of Congo," in *Proceedings of the International Workshop on the Cassava Mealybug Phenacoccus manihoti Mat.-Ferr. (Pseudococcidae)*, held at INERA-M'vuazi, Bas-Zaire, Zaire, June 26–29, 1977 (International Institute of Tropical Agriculture, 1978), 29–46.

13. Cox, Jennifer M., and D. J. Williams, "An Account of Cassava Mealybugs (Hemiptera: Pseudococcidae) with a Description of a New Species," *Bulletin of Entomological Research* 71, no. 2 (1981): 247–258.

14. Bellotti, Anthony C., Jesus A. Reyes, and Ana María Varela, "Observations on Cassava Mealybugs in the Americas: Their Biology, Ecology and Natural Enemies," in Sixth Symposium of the International Society for Tropical Root Crops, 339–352 (1983).

15. Herren, H. R., and P. Neuenschwander, "Biological Control of Cassava Pests in Africa," *Annual Revue of Entomology* 36 (1991): 257–283.

16. I tell the story of the cassava mealybug in more detail in Dunn, Rob, *Never Out of Season: How Having the Food We Want When We Want It Threatens Our Food Supply and Our Future* (Little, Brown, 2017).

17. Onokpise, Oghenekome, and Clifford Louime, "The Potential of the South American Leaf Blight as a Biological Agent," *Sustainability* 4, no. 11 (2012): 3151–3157.

18. Stensgaard, Anna-Sofie, Robert R. Dunn, Birgitte J. Vennervald, and Carsten Rahbek, "The Neglected Geography of Human Pathogens and Diseases," *Nature Ecology and Evolution* 1, no. 7 (2017): 1–2.

19. Fitzpatrick, Matt, "Future Urban Climates: What Will Cities Feel Like in 60 Years?," University of Maryland Center for Environmental Science, www.umces.edu/futureurbanclimates.

20. Thanks to Hans Herren, Jean Ristaino, Ainara Sistiaga Gutiérrez, Ajit Varki, Charlie Nunn, Matt Fitzpatrick, Anna-Sofie Stensgaard, Beatrice Hahn, Beth Archie, and Michael Reiskind for reading and commenting on versions of this chapter.

第五章　人类生态位

1. Xu, Chi, Timothy A. Kohler, Timothy M. Lenton, Jens-Christian Svenning, and Marten Scheffer, "Future of the Human Climate Niche," *Proceedings of the National Academy of Sciences* 117, no. 21 (2020): 11350–11355.

2. Manning, Katie, and Adrian Timpson, "The Demographic Response to Holocene Climate Change in the Sahara," *Quaternary Science Reviews* 101 (2014): 28–35.

3. Hsiang, Solomon M., Marshall Burke, and Edward Miguel, "Quantifying the Influence of Climate on Human Conflict," *Science* 341, no. 6151 (2013), https://doi.org/10.1126/science.1235467.

4. Larrick, Richard P., Thomas A. Timmerman, Andrew M. Carton, and Jason Abrevaya, "Temper, Temperature, and Temptation: Heat-Related Retaliation in Baseball," *Psychological Science* 22, no. 4 (2011): 423–428.

5. Kenrick, Douglas T., and Steven W. MacFarlane, "Ambient Temperature and Horn Honking: A Field Study of the Heat/Aggression Relationship," *Environment and Behavior* 18, no. 2 (1986): 179–191.

6. Rohles, Frederick H., "Environmental Psychology—Bucket of Worms," *Psychology Today* 1, no. 2 (1967): 54–63.

7. Almås, Ingvild, Maximilian Auffhammer, Tessa Bold, Ian Bolliger, Aluma Dembo, Solomon M. Hsiang, Shuhei Kitamura, Edward Miguel, and Robert Pickmans, *Destructive Behavior, Judgment, and Economic Decision-Making Under Thermal Stress*, working paper 25785 (National Bureau of Economic Research, 2019), https://www.nber.org/papers/w25785.

8. Burke, Marshall, Solomon M. Hsiang, and Edward Miguel, "Global Non-Linear Effect of Temperature on Economic Production," *Nature* 527, no. 7577 (2015): 235–239.

9. Thanks to Solomon Hsiang, Mike Gavin, Jens-Christian Svenning, Chi Xu, Matt Fitzpatrick, Nate Sanders, Edward Miguel, Ingvild Almås, and Maarten Scheffer, who read this chapter and provided thoughtful comments.

第六章　乌鸦的智慧

1. Pendergrass, Angeline G., Reto Knutti, Flavio Lehner, Clara Deser, and Benjamin M. Sanderson, "Precipitation Variability Increases in a Warmer Climate," *Scientific Reports* 7, no. 1 (2017): 1–9; Bathiany, Sebastian, Vasilis Dakos, Marten Scheffer, and Timothy M. Lenton, "Climate

Models Predict Increasing Temperature Variability in Poor Countries," *Science Advances* 4, no. 5 (2018): eaar5809.

2. Diamond, Sarah E., Lacy Chick, Abe Perez, Stephanie A. Strickler, and Ryan A. Martin, "Rapid Evolution of Ant Thermal Tolerance Across an Urban-Rural Temperature Cline," *Biological Journal of the Linnean Society* 121, no. 2 (2017): 248–257.

3. Grant, Barbara Rosemary, and Peter Raymond Grant, "Evolution of Darwin's Finches Caused by a Rare Climatic Event," *Proceedings of the Royal Society B: Biological Sciences* 251, no. 1331 (1993): 111–117.

4. Rutz, Christian, and James J. H. St Clair, "The Evolutionary Origins and Ecological Context of Tool Use in New Caledonian Crows," *Behavioural Processes* 89, no. 2 (2012): 153–165.

5. Marzluff, John, and Tony Angell, *Gifts of the Crow: How Perception, Emotion, and Thought Allow Smart Birds to Behave Like Humans* (Free Press, 2012).

6. Mayr, Ernst, "Taxonomic Categories in Fossil Hominids," in *Cold Spring Harbor Symposia on Quantitative Biology*, vol. 15 (Cold Spring Harbor Laboratory Press, 1950), 109–118.

7. Dillard, Annie, "Living Like Weasels," in *Teaching a Stone to Talk: Expeditions and Encounters* (HarperPerennial, 1988), last paragraph.

8. Sol, Daniel, Richard P. Duncan, Tim M. Blackburn, Phillip Cassey, and Louis Lefebvre, "Big Brains, Enhanced Cognition, and Response of Birds to Novel Environments," *Proceedings of the National Academy of Sciences* 102, no. 15 (2005): 5460–5465.

9. Fristoe, Trevor S., and Carlos A. Botero, "Alternative Ecological Strategies Lead to Avian Brain Size Bimodality in Variable Habitats," *Nature Communications* 10, no. 1 (2019): 1–9.

10. Schuck-Paim, Cynthia, Wladimir J. Alonso, and Eduardo B. Ottoni, "Cognition in an Ever-Changing World: Climatic Variability Is Associated with Brain Size in Neotropical Parrots," *Brain, Behavior and Evolution* 71, no. 3 (2008): 200–215.

11. Wagnon, Gigi S., and Charles R. Brown, "Smaller Brained Cliff Swallows Are More Likely to Die During Harsh Weather," *Biology Letters* 16, no. 7 (2020): 20200264.

12. Vincze, Orsolya, "Light Enough to Travel or Wise Enough to Stay? Brain Size Evolution and Migratory Behavior in Birds," *Evolution* 70, no. 9 (2016): 2123–2133.

13. Sayol, Ferran, Joan Maspons, Oriol Lapiedra, Andrew N. Iwaniuk, Tamás Székely, and Daniel Sol, "Environmental Variation and the Evolution of Large Brains in Birds," *Nature Communications* 7, no. 1 (2016): 1–8.

14. Weiner, J., *The Beak of the Finch: A Story of Evolution in Our Time* (Knopf, 1994).

15. Marzluff and Angell, *Gifts of the Crow*, 13.

16. Fristoe, Trevor S., Andrew N. Iwaniuk, and Carlos A. Botero, "Big Brains Stabilize Populations and Facilitate Colonization of Variable Habitats in Birds," *Nature Ecology and Evolution* 1, no. 11 (2017): 1706–1715.

17. Sol, D., J. Maspons, M. Vall-Llosera, I. Bartomeus, G. E. Garcia-Pena, J. Piñol, and R. P. Freckleton, "Unraveling the Life History of Successful Invaders," *Science* 337, no. 6094 (2012): 580–583.

18. Sayol, Ferran, Daniel Sol, and Alex L. Pigot, "Brain Size and Life History Interact to Predict Urban Tolerance in Birds," *Frontiers in Ecology and Evolution* 8 (2020): 58.

19. Oliver, Mary, *New and Selected Poems: Volume One* (Beacon Press, 1992), 220, Kindle.

20. Haupt, Lyanda Lynn, *Crow Planet: Essential Wisdom from the Urban Wilderness* (Little, Brown, 2009).

21. Thoreau, Henry David, *The Journal 1837–1861*, Journal 7, September 1, 1854–October 30, 1855 (New York Review of Books Classics, 2009), chap. 5, January 12, 1855.

22. Sington, David, and Christopher Riley, *In the Shadow of the Moon* (Vertigo Films, 2007), film.

23. Pimm, Stuart L., Julie L. Lockwood, Clinton N. Jenkins, John L. Curnutt, M. Philip Nott, Robert D. Powell, and Oron L. Bass Jr., "Sparrow in the Grass: A Report on the First Ten Years of Research on the Cape Sable Seaside Sparrow (*Ammodramus maritimus mirabilis*)" (unpublished report, 2002), www.nps.gov/ever/learn/nature/upload/MON97-8FinalReportSecure.pdf.

24. Lopez, Barry, *Of Wolves and Men* (Simon and Schuster, 1978).

25. Ducatez, Simon, Daniel Sol, Ferran Sayol, and Louis Lefebvre, "Behavioural Plasticity Is Associated with Reduced Extinction Risk in Birds," *Nature Ecology and Evolution* 4, no. 6 (2020): 788–793.

26. Sol, Daniel, Sven Bacher, Simon M. Reader, and Louis Lefebvre, "Brain Size Predicts the Success of Mammal Species Introduced into Novel Environments," *American Naturalist* 172, no. S1 (2008): S63–S71.

27. Van Woerden, Janneke T., Erik P. Willems, Carel P. van Schaik, and Karin Isler, "Large Brains Buffer Energetic Effects of Seasonal Habitats in Catarrhine Primates," *Evolution: International Journal of Organic Evolution* 66, no. 1 (2012): 191–199.

28. Kalan, Ammie K., et al., "Environmental Variability Supports Chimpanzee Behavioural Diversity," *Nature Communications* 11, no. 1 (2020): 1–10.

29. Marzluff and Angell, *Gifts of the Crow*, 6.

30. Nowell, Branda, and Joseph Stutler, "Public Management in an Era of the Unprecedented: Dominant Institutional Logics as a Barrier to Organizational Sensemaking," *Perspectives on Public Management and Governance* 3, no. 2 (2020): 125–139.

31. Antonson, Nicholas D., Dustin R. Rubenstein, Mark E. Hauber, and Carlos A. Botero, "Ecological Uncertainty Favours the Diversification of Host Use in Avian Brood Parasites," *Nature Communications* 11, no. 1 (2020): 1–7.

32. Beecher, as quoted in the outstanding book by Marzluff, John M., and Tony Angell, *In the Company of Crows and Ravens* (Yale University Press, 2007).

33. Thank you to Clinton Jenkins, Carlos Botero, Branda Nowell, Ferran Sayol, Daniel Sol, Tabby Fenn, Julie Lockwood, Ammie Kalan, John Marzluff, Trevor Brestoe, and Karen Isler for thoughtful comments on this chapter.

第七章 多样性降低风险性

1. Dillard, Annie, "Life on the Rocks: The Galápagos," section 2, in *Teaching a Stone to Talk: Expeditions and Encounters* (HarperPerennial, 1988).

2. Hutchinson, G. Evelyn, "The Paradox of the Plankton," *American Naturalist* 95, no. 882 (1961): 137–145.

3. Titman, D., "Ecological Competition Between Algae: Experimental Confirmation of Resource-Based Competition Theory," *Science* 192, no. 4238 (1976): 463–465. (Note: this paper was written before David Tilman changed his last name to Tilman.)

4. Tilman, D., and J. A. Downing, "Biodiversity and Stability in Grasslands," *Nature* 367, no. 6461 (1994): 363–365.

5. Tilman, D., P. B. Reich, and J. M. Knops, "Biodiversity and Ecosystem Stability in a Decade-Long Grassland Experiment," *Nature* 441, no. 7093 (2006): 629–632.

6. Dolezal, Jiri, Pavel Fibich, Jan Altman, Jan Leps, Shigeru Uemura, Koichi Takahashi, and Toshihiko Hara, "Determinants of Ecosystem Stability in a Diverse Temperate Forest," *Oikos* 129, no. 11 (2020): 1692–1703.

7. See, for example, Gonzalez, Andrew, et al., "Scaling-Up Biodiversity-Ecosystem Functioning Research," *Ecology Letters* 23, no. 4 (2020): 757–776.

8. Cadotte, Marc W., "Functional Traits Explain Ecosystem Function Through Opposing Mechanisms, *Ecology Letters* 20, no. 8 (2017): 989–996.

9. Martin, Adam R., Marc W. Cadotte, Marney E. Isaac, Rubén Milla, Denis Vile, and Cyrille Violle, "Regional and Global Shifts in Crop Diversity Through the Anthropocene," *PLOS ONE* 14, no. 2 (2019): e0209788.

10. Khoury, Colin K., Anne D. Bjorkman, Hannes Dempewolf, Julian Ramirez-Villegas, Luigi Guarino, Andy Jarvis, Loren H. Rieseberg, and Paul C. Struik, "Increasing Homogeneity in Global Food Supplies and the Implications for Food Security," *Proceedings of the National Academy of Sciences* 111, no. 11 (2014): 4001–4006.

11. Mitchell, Charles E., David Tilman, and James V. Groth, "Effects of Grassland Plant Species Diversity, Abundance, and Composition on Foliar Fungal Disease," *Ecology* 83, no. 6 (2002): 1713–1726.

12. Khoury et al., "Increasing Homogeneity in Global Food Supplies and the Implications for Food Security."

13. Zhu, Youyong, et al., "Genetic Diversity and Disease Control in Rice," *Nature* 406, no. 6797 (2000): 718–722.

14. Bowles, Timothy M., et al., "Long-Term Evidence Shows That Crop-Rotation Diversification Increases Agricultural Resilience to Adverse Growing Conditions in North America," *One Earth* 2, no. 3 (2020): 284–293.

15. Thanks to Marc Cadotte, Nick Haddad, Colin Khoury, Matthew Booker, Stan Harpole, and Nate Sanders for excellent comments and insights on this chapter. Delphine Renard patiently helped me through multiple versions of this chapter.

第八章 依赖法则

1. "Safe Prevention of the Primary Cesarean Delivery," *Obstetric Care Consensus,* no. 1 (2014), https://web.archive.org/web/20140302063757/http://www.acog.org/Resources_And_Publications/Obstetric_Care_Consensus_Series/Safe_Prevention_of_the_Primary_Cesarean_Delivery.

2. Neut, C., et al., "Bacterial Colonization of the Large Intestine in Newborns Delivered by Cesarean Section," *Zentralblatt für Bakteriologie, Mikrobiologie und Hygiene. Series A: Medical Microbiology, Infectious Diseases, Virology, Parasitology* 266, nos. 3–4 (1987): 330–337; Biasucci, Giacomo, Belinda Benenati, Lorenzo Morelli, Elena Bessi, and Günther Boehm, "Cesarean Delivery May Affect the Early Biodiversity of Intestinal Bacteria," *Journal of Nutrition* 138, no. 9 (2008): 1796S–1800S.

3. Leidy, Joseph, *Parasites of the Termites* (Collins, printer, 1881), 425.

4. Tung, Jenny, Luis B. Barreiro, Michael B. Burns, Jean-Christophe Grenier, Josh Lynch, Laura E. Grieneisen, Jeanne Altmann, Susan C. Alberts, Ran Blekhman, and Elizabeth A. Archie, "Social Networks Predict Gut Microbiome Composition in Wild Baboons," *elife* 4 (2015): e05224.

5. Dunn, Robert R., Katherine R. Amato, Elizabeth A. Archie, Mimi Arandjelovic, Alyssa N. Crittenden, and Lauren M. Nichols, "The Internal, External and Extended Microbiomes of Hominins," *Frontiers in Ecology and Evolution* 8 (2020): 25.

6. Godoy-Vitorino, Filipa, Katherine C. Goldfarb, Eoin L. Brodie, Maria A. Garcia-Amado, Fabian Michelangeli, and Maria G. Domínguez-Bello, "Developmental Microbial Ecology of the Crop of the Folivorous Hoatzin," *ISME Journal* 4, no. 5 (2010): 611–620; Godoy-Vitorino, Filipa, Katherine C. Goldfarb, Ulas Karaoz, Sara Leal, Maria A. Garcia-Amado, Philip Hugenholtz, Susannah G. Tringe, Eoin L. Brodie, and Maria Gloria Dominguez-Bello, "Comparative Analyses of Foregut and Hindgut Bacterial Communities in Hoatzins and Cows," *ISME Journal* 6, no. 3 (2012): 531–541.

7. Escherich, T., "The Intestinal Bacteria of the Neonate and Breast-Fed Infant," *Clinical Infectious Diseases* 10, no. 6 (1988): 1220–1225.

8. Domínguez-Bello, Maria G., Elizabeth K. Costello, Monica Contreras, Magda Magris, Glida Hidalgo, Noah Fierer, and Rob Knight, "Delivery Mode Shapes the Acquisition and Structure of the Initial Microbiota Across Multiple Body Habitats in Newborns," *Proceedings of the National Academy of Sciences* 107, no. 26 (2010): 11971–11975.

9. Montaigne, Michel de, *In Defense of Raymond Sebond* (Ungar, 1959).

10. Mitchell, Caroline, et al., "Delivery Mode Affects Stability of Early Infant Gut Microbiota," *Cell Reports Medicine* 1, no. 9 (2020): 100156.

11. Song, Se Jin, et al., "Cohabiting Family Members Share Microbiota with One Another and with Their Dogs," *elife* 2 (2013): e00458.

12. Beasley, D. E., A. M. Koltz, J. E. Lambert, N. Fierer, and R. R. Dunn, "The Evolution of Stomach Acidity and Its Relevance to the Human Microbiome," *PLOS ONE* 10, no. 7 (2015): e0134116.

13. Arboleya, Silvia, Marta Suárez, Nuria Fernández, L. Mantecón, Gonzalo Solís, M. Gueimonde, and C. G. de Los Reyes-Gavilán, "C-Section and the Neonatal Gut Microbiome Acquisition: Consequences for Future Health," *Annals of Nutrition and Metabolism* 73, no. 3 (2018): 17–23.

14. Degnan, Patrick H., Adam B. Lazarus, and Jennifer J. Wernegreen, "Genome Sequence of *Blochmannia pennsylvanicus* Indicates Parallel Evolutionary Trends Among Bacterial Mutualists of Insects," *Genome Research* 15, no. 8 (2005): 1023–1033.

15. Fan, Yongliang, and Jennifer J. Wernegreen, "Can't Take the Heat: High Temperature Depletes Bacterial Endosymbionts of Ants," *Microbial Ecology* 66, no. 3 (2013): 727–733.

16. Lopez, Barry, *Of Wolves and Men* (Simon and Schuster, 1978), chap. 1, "Origin and Description."

17. Maria Gloria Dominguez-Bello, Michael Poulsen, Aram Mikaelyan, Jiri Hulcr, Christine Nalepa, Sandra Breum Andersen, Elizabeth Costello, Jennifer Wernegreen, Noah Fierer, and Filipa Godoy-Vitorino all provided insightful comments on this chapter. Thank you.

第九章　受损系统和机器授粉蜜蜂

1. Tsui, Clement K.-M., Ruth Miller, Miguel Uyaguari-Diaz, Patrick Tang, Cedric Chauve, William Hsiao, Judith Isaac-Renton, and Natalie Prystajecky, "Beaver Fever: Whole-Genome Characterization of Waterborne Outbreak and Sporadic Isolates to Study the Zoonotic Transmission of Giardiasis," *mSphere* 3, no. 2 (2018): e00090-18.

2. McMahon, Augusta, "Waste Management in Early Urban Southern Mesopotamia," in *Sanitation, Latrines and Intestinal Parasites in Past Populations*, ed. Piers D. Mitchell (Farnham, 2015), 19–40.

3. National Research Council, *Watershed Management for Potable Water Supply: Assessing the New York City Strategy* (National Academies Press, 2000).

4. Gebert, Matthew J., Manuel Delgado-Baquerizo, Angela M. Oliverio, Tara M. Webster, Lauren M. Nichols, Jennifer R. Honda, Edward D. Chan, Jennifer Adjemian, Robert R. Dunn, and Noah Fierer, "Ecological Analyses of Mycobacteria in Showerhead Biofilms and Their Relevance to Human Health," *MBio* 9, no. 5 (2018).

5. Proctor, Caitlin R., Mauro Reimann, Bas Vriens, and Frederik Hammes, "Biofilms in Shower Hoses," *Water Research* 131 (2018): 274–286.

6. For more on this research, see a longer discussion in Dunn, Rob, *Never Home Alone: From Microbes to Millipedes, Camel Crickets, and Honeybees, the Natural History of Where We Live* (Basic Books, 2018).

7. Ngor, Lyna, Evan C. Palmer-Young, Rodrigo Burciaga Nevarez, Kaleigh A. Russell, Laura Leger, Sara June Giacomini, Mario S. Pinilla-Gallego, Rebecca E. Irwin, and Quinn S. McFrederick, "Cross-Infectivity of Honey and Bumble Bee–Associated Parasites Across Three Bee Families," *Parasitology* 147, no. 12 (2020): 1290–1304.

8. Knops, Johannes M. H., et al., "Effects of Plant Species Richness on Invasion Dynamics, Disease Outbreaks, Insect Abundances and Diversity," *Ecology Letters* 2, no. 5 (1999): 286–293.

9. Tarpy, David R., and Thomas D. Seeley, "Lower Disease Infections in Honeybee (*Apis mellifera*) Colonies Headed by Polyandrous vs Monandrous Queens," *Naturwissenschaften* 93, no. 4 (2006): 195–199.

10. Zattara, Eduardo E., and Marcelo A. Aizen, "Worldwide Occurrence Records Suggest a Global Decline in Bee Species Richness," *One Earth* 4, no. 1 (2021): 114–123.

11. Potts, S. G., P. Neumann, B. Vaissière, and N. J. Vereecken, "Robotic Bees for Crop Pollination: Why Drones Cannot Replace Biodiversity," *Science of the Total Environment* 642 (2018): 665–667.

12. Thank you to David Tarpy, Charles Mitchell, Angela Harris, Nicolas Vereecken, Brad Taylor, Becky Irwin, Kendra Brown, Margarita Lopez Uribe, and Noah Fierer for comments on this chapter.

第十章　与进化共存

1. Warner Bros. Canada, "Contagion: Bacteria Billboard," September 7, 2011, YouTube video, 1:38, www.youtube.com/watch?v=LppK4ZtsDdM&feature=emb_title.

2. Weiner, J., *The Beak of the Finch: A Story of Evolution in Our Time* (Knopf, 1994), 9.

3. Darwin, Charles, *The Descent of Man*, 6th ed. (Modern Library, 1872), chap. 4, fifth paragraph.

4. Fleming, Sir Alexander, "Banquet Speech," December 10, 1945, The Nobel Prize, www.nobelprize.org/prizes/medicine/1945/fleming/speech/.

5. Comte de Buffon, Georges-Louis Leclerc, *Histoire naturelle, générale et particulière*, vol. 12, *Contenant les époques de la nature* (De l'Imprimerie royale, 1778), 197.

6. Jørgensen, Peter Søgaard, Carl Folke, Patrik J. G. Henriksson, Karin Malmros, Max Troell, and Anna Zorzet, "Coevolutionary Governance of Antibiotic and Pesticide Resistance," *Trends in Ecology and Evolution* 35, no. 6 (2020): 484–494.

7. Aktipis, Athena, "Applying Insights from Ecology and Evolutionary Biology to the Management of Cancer, an Interview with Athena Aktipis," interview by Rob Dunn, *Applied Ecology News*, July 28, 2020, https://cals.ncsu.edu/applied-ecology/news/ecology-and-evolutionary-biology-to-the-management-of-cancer-athena-aktipis/.

8. Harrison, Freya, Aled E. L. Roberts, Rebecca Gabrilska, Kendra P. Rumbaugh, Christina Lee, and Stephen P. Diggle, "A 1,000-Year-Old Antimicrobial Remedy with Antistaphylococcal Activity," *mBio* 6, no. 4 (2015): e01129-15.

9. Aktipis, Athena, *The Cheating Cell: How Evolution Helps Us Understand and Treat Cancer* (Princeton University Press, 2020).

10. Jørgensen, Peter S., Didier Wernli, Scott P. Carroll, Robert R. Dunn, Stephan Harbarth, Simon A. Levin, Anthony D. So, Maja Schlüter, and Ramanan Laxminarayan, "Use Antimicrobials Wisely," *Nature* 537, no. 7619 (2016): 159.

11. I'm grateful to Peter Jørgensen, Athena Aktipis, Michael Baym, Roy Kishony, Tami Lieberman, and Christina Lee for their thoughtful comments on and additions to this chapter.

第十一章 自然未尽于此

1. Dunn, Robert R., “Modern Insect Extinctions, the Neglected Majority,” *Conservation Biology* 19, no. 4 (2005): 1030–1036.

2. Koh, Lian Pin, Robert R. Dunn, Navjot S. Sodhi, Robert K. Colwell, Heather C. Proctor, and Vincent S. Smith, “Species Coextinctions and the Biodiversity Crisis,” *Science* 305, no. 5690 (2004): 1632–1634. See also a later summary of this approach in Dunn, Robert R., Nyeema C. Harris, Robert K. Colwell, Lian Pin Koh, and Navjot S. Sodhi, “The Sixth Mass Coextinction: Are Most Endangered Species Parasites and Mutualists?,” *Proceedings of the Royal Society B: Biological Sciences* 276, no. 1670 (2009): 3037–3045.

3. Pimm, Stuart L., *The World According to Pimm: A Scientist Audits the Earth* (McGraw-Hill, 2001).

4. As Nee put it in a later book chapter based on the talk, big species “jump around and make a lot of noise,” but they “represent very little of biological diversity.” By “big,” he meant things the size of a mite and larger, from mites to moose. Nee, Sean, “Phylogenetic Futures After the Latest Mass Extinction,” in *Phylogeny and Conservation*, ed. Purvis, Andrew, John L. Gittleman, and Thomas Brooks (Cambridge University Press, 2005), 387–399.

5. Jenkins, Clinton N., et al., “Global Diversity in Light of Climate Change: The Case of Ants,” *Diversity and Distributions* 17, no. 4 (2011): 652–662.

6. Wehner, Rüdiger, *Desert Navigator: The Journey of an Ant* (Harvard University Press, 2020), 25.

7. Willot, Quentin, Cyril Gueydan, and Serge Aron, “Proteome Stability, Heat Hardening and Heat-Shock Protein Expression Profiles in *Cataglyphis* Desert Ants,” *Journal of Experimental Biology* 220, no. 9 (2017): 1721–1728.

8. Perez, Rémy, and Serge Aron, “Adaptations to Thermal Stress in Social Insects: Recent Advances and Future Directions,” *Biological Reviews* 95, no. 6 (2020): 1535–1553.

9. Nesbitt, Lewis Mariano, *Hell-Hole of Creation: The Exploration of Abyssinian Danakil* (Knopf, 1935), 8.

10. Gómez, Felipe, Barbara Cavalazzi, Nuria Rodríguez, Ricardo Amils, Gian Gabriele Ori, Karen Olsson-Francis, Cristina Escudero, Jose M. Martínez, and Hagos Miruts, “Ultra-Small Microorganisms in the

Polyextreme Conditions of the Dallol Volcano, Northern Afar, Ethiopia," *Scientific Reports* 9, no. 1 (2019): 1–9.

11. Cavalazzi, B., et al., "The Dallol Geothermal Area, Northern Afar (Ethiopia)—An Exceptional Planetary Field Analog on Earth," *Astrobiology* 19, no. 4 (2019): 553–578.

12. I'm very grateful to Felipe Gómez, Barbara Cavalazzi, Robert Colwell, Mary Schweitzer, Russell Lande, Jamie Shreeve, Serge Aron, Xim Cerda, Cat Cardelus, Clinton Jenkins, Lian Pin Koh, and Sean Nee for reading this chapter and providing their insights. Thank you, Laura Hug, for your remarkable phylogeny.

结 语

1. Marshall, Charles R., "Five Palaeobiological Laws Needed to Understand the Evolution of the Living Biota," *Nature Ecology and Evolution* 1, no. 6 (2017): 1–6.

2. Hagen, Oskar, Tobias Andermann, Tiago B. Quental, Alexandre Antonelli, and Daniele Silvestro, "Estimating Age-Dependent Extinction: Contrasting Evidence from Fossils and Phylogenies," *Systematic Biology* 67, no. 3 (2018): 458–474.

3. Harris, Nyeema C., Travis M. Livieri, and Robert R. Dunn, "Ectoparasites in Black-Footed Ferrets (*Mustela nigripes*) from the Largest Reintroduced Population of the Conata Basin, South Dakota, USA," *Journal of Wildlife Diseases* 50, no. 2 (2014): 340–343.

4. Colwell, Robert K., Robert R. Dunn, and Nyeema C. Harris, "Coextinction and Persistence of Dependent Species in a Changing World," *Annual Review of Ecology, Evolution, and Systematics* 43 (2012):183–203.

5. Rettenmeyer, Carl W., M. E. Rettenmeyer, J. Joseph, and S. M. Berghoff, "The Largest Animal Association Centered on One Species: The Army Ant *Eciton burchellii* and Its More Than 300 Associates," *Insectes Sociaux* 58, no. 3 (2011): 281–292.

6. Penick, Clint A., Amy M. Savage, and Robert R. Dunn, "Stable Isotopes Reveal Links Between Human Food Inputs and Urban Ant Diets," *Proceedings of the Royal Society B: Biological Sciences* 282, no. 1806 (2015): 20142608.

7. Dunn, Robert R., Charles L. Nunn, and Julie E. Horvath, "The Global Synanthrome Project: A Call for an Exhaustive Study of Human Associates," *Trends in Parasitology* 33, no. 1 (2017): 4–7.

8. Panagiotakopulu, Eva, Peter Skidmore, and Paul Buckland, "Fossil Insect Evidence for the End of the Western Settlement in Norse Greenland," *Naturwissenschaften* 94, no. 4 (2007): 300–306.

9. Weisman, Alan, *The World Without Us* (Macmillan, 2007), 8.

10. Marshall, "Five Palaeobiological Laws Needed to Understand the Evolution of the Living Biota."

11. Losos, Jonathan B., *Improbable Destinies: Fate, Chance, and the Future of Evolution* (Riverhead Books, 2017).

12. Hoekstra, Hopi E., "Genetics, Development and Evolution of Adaptive Pigmentation in Vertebrates," *Heredity* 97, no. 3 (2006): 222–234.

13. Sayol, F., M. J. Steinbauer, T. M. Blackburn, A. Antonelli, and S. Faurby, "Anthropogenic Extinctions Conceal Widespread Evolution of Flightlessness in Birds," *Science Advances* 6, no. 49 (2020): eabb6095.

14. Losos, Jonathan B., *Lizards in an Evolutionary Tree: Ecology and Adaptive Radiation of Anoles* (University of California Press, 2011).

15. Braude, Stanton, "The Predictive Power of Evolutionary Biology and the Discovery of Eusociality in the Naked Mole-Rat," *Reports of the National Center for Science Education* 17, no. 4 (1997): 12–15.

16. Jarvis, J. U., "Eusociality in a Mammal: Cooperative Breeding in Naked Mole-Rat Colonies," *Science* 212, no. 4494 (1981): 571–573; Sherman, Paul W., Jennifer U. M. Jarvis, and Richard D. Alexander, eds., *The Biology of the Naked Mole-Rat* (Princeton University Press, 2017).

17. Feigin, C. Y., et al., "Genome of the Tasmanian Tiger Provides Insights into the Evolution and Demography of an Extinct Marsupial Carnivore," *Nature Ecology and Evolution* 2 (2018):182–192.

18. D'Ambrosia, Abigail R., William C. Clyde, Henry C. Fricke, Philip D. Gingerich, and Hemmo A. Abels, "Repetitive Mammalian Dwarfing During Ancient Greenhouse Warming Events," *Science Advances* 3, no. 3 (2017): e1601430.

19. Smith, Felisa A., Julio L. Betancourt, and James H. Brown, "Evolution of Body Size in the Woodrat over the Past 25,000 Years of Climate Change," *Science* 270, no. 5244 (1995): 2012–2014.

20. Zalasiewicz, Jan, and Kim Freedman, *The Earth After Us: What Legacy Will Humans Leave in the Rocks?* (Oxford University Press, 2009).

21. Zalasiewicz and Freedman, *The Earth After Us*, chap. 2, section "Future Earth: Close Up."

22. Losos, Jonathan, "Lizards, Convergent Evolution and Life After Humans, an Interview with Jonathan Losos," interview by Rob Dunn,

Applied Ecology News, September 21, 2020, https://cals.ncsu.edu/applied-ecology/news/lizards-convergent-evolution-and-life-after-humans-an-interview-with-jonathan-losos/.

23. Gould, Stephen Jay, *Full House* (Harvard University Press, 1996), 176.

24. Thank you to Bucky Gates, Lindsay Zanno, Jan Zalasiewicz, Mary Schweitzer, Jonathan Losos, Charles Marshall, Robert Colwell, Christy Hipsley, Alan Weisman, Tom Gilbert, Eva Panagiotakopulu, and Lian Pin Koh for reading this chapter and offering their insights and expertise.

术语对照表

adaptive therapy	适应疗法
Aedes aegypti mosquito	埃及伊蚊
biodiversity plots (BigBio)experiment	大型生物多样性实验
human niche	人类生态位
evolutionary tree of life	生命进化树
anthropocentrism	人类中心主义
megaplate experiment	巨型平板培养皿实验
great acceleration	“大加速”时期
coextinction	共同灭绝
distributed intelligence	分布式智慧
bacteriophage	噬菌体
pollination	授粉
agar	琼脂
biocide	生物杀灭剂
primate	灵长类动物
biomass	生物量
termite	白蚁
temperature predictability	温度可测性
variability	变异性
brood parasite	寄孵鸟
bumble bee	大黄蜂
Cesarean sections	剖宫产
California condor’s mite	加州秃鹰螨虫

carbon sequestration	碳封存
water contamination	水污染
cassava mealybug	木薯粉蚧
Charlanta Project	夏兰大项目
corridor	生态廊道
chemotherapy	化疗
chimpanzee	黑猩猩
choler	霍乱
resistance	耐药性
scenario	情景
convergent theme	趋同主题
coendangerement	共危
cognitive buffering law	认知缓冲法则
diversity-stability hypothesis	多样性稳定性假说
evenness	均匀度
Deinococcus radiodurans	耐辐射球菌
biogeographic regions	生物地理区域
transgenic crops	转基因作物
dengue fever	登革热
dependent species	从属物种
Culex pipiens	尖音库蚊
Darwin’s finches	达尔文灰雀
Darwin’s law	达尔文定律
dusky seaside sparrow	海滨灰雀
dysbiosis	生态失调
E coli	大肠杆菌
Eurocentrism	欧洲中心主义
eusocial societies	真社群性社会
endemic species	特有物种
environmental determinism	环境决定论
Erwen's law	欧文定律

patch	斑块
falciparum malaria	恶性疟原虫疟疾
Galapagos archipelago	加拉帕戈斯群岛
ground beetles	步行虫
hominid	原始人类
Homo sapiens	现代人
insurance effect	投资组合效应
intra-island species	岛内物种
speciation	物种形成
John F. Kennedy Space Center	肯尼迪航天中心
ecological interference	生态干扰
laws of paleontology	古生物学定律
marsupial mammals	有袋哺乳动物
National Socio-Environmental Synthesis Center	国家社会环境综合中心
NASA	美国国家航空航天局
parasite	寄生虫
Reticulitermes flavipe	北美散白蚁
Taung Child skull	汤恩幼儿头骨
fragmentation	碎片化
susceptibility	易感性
trimethoprim	甲氧苄啶
chlorination	氯化作用
vaginal birth	阴道分娩
wheat blast disease	小麦枯萎病
biome plot	生物群落图
yellow fever	黄热病